RUDOLF WIETHÖLTER

Einseitige Kollisionsnormen als Grundlage des Internationalen Privatrechts

NEUE KÖLNER RECHTSWISSENSCHAFTLICHE ABHANDLUNGEN

HERAUSGEGEBEN VON
DER RECHTSWISSENSCHAFTLICHEN FAKULTÄT
DER UNIVERSITÄT ZU KÖLN

HEFT 8

Berlin 1956

WALTER DE GRUYTER & CO.

vormals G. J. Göschen'sche Verlagshandlung · J. Guttentag, Verlagsbuchhandlung
Georg Reimer · Karl J. Trübner · Veit & Comp.

Einseitige Kollisionsnormen als Grundlage des Internationalen Privatrechts

Von

Dr. Rudolf Wiethölter

Solingen

Berlin 1956

WALTER DE GRUYTER & CO.

vormals G. J. Göschen'sche Verlagshandlung · J. Guttentag, Verlagsbuchhandlung
Georg Reimer · Karl J. Trübner · Veit & Comp.

Archiv-Nr. 27 08 56 / 8
Satz und Druck: Berliner Buchdruckerei UNION GmbH., Berlin SW 29

5000/272/54

Le droit international privé est une science de sacrifice.
Pillet

Vorwort

Minima non curat praetor! An diese römische Spruchweisheit fühlt sich erinnert, wer in einem Wissenschaftszweig auf stiefmütterlich behandelte Probleme stößt.

Kaum vermerkt und noch weniger behandelt haben sich in jüngerer Zeit neue Tendenzen im Internationalen Privatrecht bemerkbar gemacht, die diese Disziplin auf neue methodische Grundlagen stellen wollen. Daß sie bisher kein Echo fanden, ist — besonders in Deutschland — erklärlich. Eine Flut pochender Probleme, als Erbe einer durch zwei Kriege zerrissenen Welt auch den Juristen zugefallen, ließ beruflich überlasteten Spezialisten des Internationalen Privatrechts nicht Zeit noch Muße, sich solchen Strukturfragen zu widmen, die man längst als gelöst ansah und von deren Behandlung man sich im Augenblick keinen wissenschaftlichen Gewinn versprach. So ist zwar heute eine Fülle von Beiträgen des In- und Auslandes zu dogmatischen wie praktischen Problemen des Internationalen Privatrechts zu verzeichnen, die zum Teil ein gutes Stück Neubesinnung bedeuten; zu der Frage aber, ob die im EGBGB enthaltenen Normen täglich mit Recht von einseitigen zu allseitigen Kollisionsregeln befördert werden, ist die Rechtspraxis zur Tagesordnung übergegangen und verliert insoweit über ihr Tun keine Gedanken mehr. An dieser Stelle setzen verschiedene neuere Lehren ein. Sie verfechten alle ein System ausschließlich einseitiger Kollisionsnormen. Umstürzlerisch in ihrer Anlage, führen sie, vorausgesetzt, daß sie richtig sind und durchgeführt werden, möglicherweise zu weitgehender Entthronung des geltenden Internationalen Privatrechts in einer Zeit, die gerade dieser Wissenschaft gute Entwicklungsmöglichkeiten vorhersagt, weil die Völker allmählich aus Angst vor einer weltweiten Katastrophe aus ihrer staatlichen Reserve herausfinden.

Ein Blick auf die neuen Lehren trägt darum gewiß seinen Lohn in sich.

Die vorliegende Arbeit setzt sich zum Ziel, die modernen gegen das geltende System gerichteten Lehren in vergleichender Darstellung vorzustellen, ihre Übereinstimmungen und Abweichungen zu kennzeichnen, den Wert der behaupteten Vorzüge zu überprüfen, den dem herrschenden System zur Last gelegten Mängeln nachzuspüren und die neuen Lehren schließlich zusammenfassend in ihrer praktischen Ausgestaltung und ihrer dogmatischen Anlage zu würdigen.

Dies geht nicht, ohne daß mit möglichst wenigen Strichen der Stand der Fragestellung ein- oder allseitige Kollisionsnormen als Grundlage des Internationalen Privatrechts und die Entwicklungsgeschichte nachgezeichnet werden.

Ich möchte auch an dieser Stelle meinem verehrten Lehrer, Herrn Professor Dr. Gerhard Kegel in Köln, für die wohlwollende Förderung meiner Arbeit sehr herzlich danken.

Der juristischen Fakultät der Universität zu Köln schulde ich aufrichtigen Dank für die Aufnahme dieser Arbeit in die Neuen Kölner Rechtswissenschaftlichen Abhandlungen.

März 1956. Rudolf Wiethölter.

Inhalt

Literaturübersicht

Ago, Règles générales des conflits de lois, Recueil des cours Bd. 58 (1936 IV), S. 247—469;

Balogh, Einige neue Theorien über das Wesen des internationalen Privatrechts und sein Verhältnis zum Völker- und Fremdenrecht, Mélanges Streit, Band I, Athen 1936, S. 71—94;

von Bar, Theorie und Praxis des internationalen Privatrechts, 2. Aufl., 2 Bände, 1889;

von Bar, Die Rückverweisung im internationalen Privatrecht, ZIR 8 (1898), S. 177—188;

Bartin, Principes de Droit International Privé selon la loi et la jurisprudence françaises, Paris 1930, Bd. 1;

Batiffol, Les tendances doctrinales actuelles en droit international privé, Recueil des cours Bd. 72 (1948 I), S. 5—66;

Batiffol, Traité élémentaire de droit international privé, 2. Aufl. Paris 1955;

Beitzke, Betrachtungen zur Methodik im internationalen Privatrecht, in: Rechtsprobleme in Staat und Kirche, Festschrift für Rudolf Smend, 1952, S. 1—22;

Beitzke, Internationales und interlokales Privatrecht, Festschrift für H. C. Nipperdey, 1955, S. 41—57;

Bonnichon, La notion de conflit de souverainetés dans la science des conflits de lois, Revue Critique de Droit International Privé, 1949, S. 615—635; 1950, S. 11—32;

Braga, Die Gleichberechtigung von Mann und Frau und das deutsche internationale Privatrecht, MDR 1952, S. 266—268;

Braga, Staatsangehörigkeitsprinzip oder Wohnsitzprinzip, 1954;

Bühler, Der völkerrechtliche Gehalt des internationalen Privatrechts, Festschrift für Martin Wolff, 1952, S. 177—201;

Comité Français, Comité Français de Droit International Privé: La Codification du Droit International Privé, Paris 1956;

Dölle, Gegenwärtige Aufgaben der deutschen Wissenschaft vom internationalen Privatrecht, 5. Beiheft der Deutschen Rechtszeitschrift, 1948;

Dölle, Der ordre public im internationalen Privatrecht, in: Deutsche Landesreferate zum III. Internationalen Kongreß für Rechtsvergleichung in London 1950, S. 397—415;

Dubois, Die Frage der völkerrechtlichen Schranken landesrechtlicher Regelung der Staatsangehörigkeit, Bern 1955;

Eckstein, Die Frage des anzuwendenden Kollisionsrechts, ZAIP 8 (1934), S. 121—147;

Edelmann, Der grundsätzliche Standpunkt des deutschen Bürgerlichen Gesetzbuchs im internationalen Privatrecht, ZIR 8 (1898), S. 295—316;

Engel, La détermination des points de rattachement en droit international privé, Genf 1953;

Enneccerus, Lehrbuch des Bürgerlichen Rechts, Allgemeiner Teil, 7. Bearbeitung (Enneccerus) 1919, 13. Bearbeitung (Nipperdey) 1931, 14. Bearbeitung (Nipperdey) 1952, 1. Halbband;

Frankenstein, Internationales Privatrecht (Grenzrecht), 1. Band 1926;

Fränkel, Der Irrgarten des internationalen Privatrechts, ZAIP 4 (1930), S. 239—243;

Giesker-Zeller, Die Gerichtsstandsregelung im Haager Scheidungsabkommen vom 12. Juni 1902; ZIR Bd. 27 (1918), S. 397—506;

Goldschmidt, Die philosophischen Grundlagen des internationalen Privatrechts, Festschrift für Martin Wolff, 1952, S. 203—223;

Gutzwiller, Geltungsbereich und Anwendungsbereich der Gesetze, Festgabe für Ulrich Lampert, 1925, S. 162—181;

Gutzwiller, Internationalprivatrecht, Teil VIII von Stammler, das gesamte deutsche Recht, 1931, S. 1521—1664;

Habicht, Internationales Privatrecht nach dem Einführungsgesetze zum Bürgerlichen Gesetzbuche, 1907;

Kahn, Abhandlungen aus dem internationalen Privatrecht, Iher. Jb. 39 (1898), S. 1—112;

Kahn, Abhandlungen zum internationalen Privatrecht, herausgegeben von Otto Lenel und Hans Lewald, 2 Bände, 1928;

Kegel, Der Gegenstand des internationalen Privatrechts, Festschrift für Leo Raape, 1948, S. 13—33;

Kegel, Begriffs- und Interessenjurisprudenz im internationalen Privatrecht, Festschrift für Hans Lewald, 1953, S. 259—288;

Keidel, Das internationale Element nach dem bürgerlichen Gesetzbuche für das Deutsche Reich und den Beschlüssen des Institut de droit international und des internationalen Kongresses in Haag, ZIR 7 (1897), S. 228—244;

Knapp, Essai sur la sauvegarde de l'ordre public et la protection des faibles en droit international privé, Lausanne 1950;

Kronstein, Neue amerikanische Lehren zum internationalen Privatrecht im Lichte des amerikanisch-europäischen Kartellkonflikts, Festschrift für Martin Wolff, 1952, S. 225—241;

Lepaulle, Nature et méthode du droit international privé, Journal du Droit International (Clunet) Bd. 63 (1936), S. 284—311;

Lepaulle, Le droit international privé, ses bases, ses normes et ses méthodes, Paris 1948;

Lerebours-Pigeonnière, Précis de droit International Privé, 6. Auflage, Paris 1954;

Lewald, La théorie du renvoi, Recueil des cours, Band 29 (1929 IV), S. 519 bis 620;

Lewald, Das deutsche internationale Privatrecht auf Grundlage der Rechtsprechung, 1931;

Lewald, Règles générales des conflits de lois, Contribution à la technique du droit international privé, 1941;

Lewald, Eine „dritte Schule im internationalen Privatrecht?", NJW 1949, S. 644—647;

Lewald, Renvoi revisited? Bemerkungen zur Entscheidung des New Yorker Surrogate's Court vom 10. April 1950 in re Schneiders Estate, Festschrift für Hans Fritzsche, 1952, S. 164—180;

de Magalhaes, La doctrine du domicile en droit international privé, Recueil des cours, Bd. 23 (1928 III), S. 1—144;

Makarov, Völkerrecht und Internationales Privatrecht, Mélanges Streit, Bd. I, Athen 1936, S. 535—555;

Makarov, Das Problem des anzuwendenden Kollisionsrechts, ZvglRw Bd. 55 (1944), S. 230—258;

Makarov, Allgemeine Lehren des Staatsangehörigkeitsrechts, 1947;

Makarov, Internationales Privatrecht und Rechtsvergleichung, 1949 (Recht und Staat, Heft 144);

Makarov, Die Gleichberechtigung der Frau und das internationale Privatrecht, ZAIP 17 (1952), S. 382—396;

Makarov, Der allgemeine Teil des internationalen Privatrechts im Entwurfe des neuen französischen Kodifikationswerkes, Festschrift für Martin Wolff, 1952, S. 247—269;

Makarov, Quellen des internationalen Privatrechts, Band I (Gesetzestexte), 2. Aufl. 1953;

Makarov, Les cas d'application des règles de conflit étrangères, Revue Critique de Droit International Privé, Bd. XLIV (1955), S. 431—457;

Maridakis, Die internationalprivatrechtliche Lehre Savignys im Lichte seiner Rechtsentstehungstheorie, Festschrift für Hans Lewald, 1953, S. 309—315;

Maury, Règles générales des conflits de lois, Recueil des cours, Band 57 (1936 III), S. 329—570;

Maury, L'éviction de la loi normalement compétente: l'ordre public international et la fraude à la loi, Valladolid 1952;

Melchior, Die Grundlagen des deutschen internationalen Privatrechts, 1932;

Michaeli, Internationales Privatrecht, gemäß schwedischem Recht und schwedischer Rechtsprechung, Stockholm 1947;

Müller, Der Grundsatz des wohlerworbenen Rechts im internationalen Privatrecht. Geschichte und Kritik, 1935;

Neuhaus, Die Behandlung der Testierfähigkeit im deutschen Internationalen Privatrecht, ZAIP 18 (1953), S. 651—658;

Neuhaus, Besprechung von Pilenko, Droit spatial et Droit international privé, ZAIP 20 (1955), S. 597—600;

Neumann, Internationales Privatrecht in Form eines Gesetzentwurfs nebst Motiven und Materialien, 1896;

Neumann, Nach welchem örtlichen Recht sind auf Grund internationalen Privatrechts die Vertragsobligationen zu beurteilen? Verhandlungen des 24. Deutschen Juristentages, 1897, Band 1, S. 169—200;

Neumeyer, Internationales Privatrecht. Ein Grundriß, 2. Aufl. 1930;

Neumeyer, Internationales Verwaltungsrecht, Bd. IV, 1936;

Neuner, Der Sinn der internationalprivatrechtlichen Norm, 1932;

Niboyet, Traité de Droit International Privé Français, Bd. I (2. Auflage Paris 1947) und III (Paris 1944);

Niboyet, Cours de Droit International Privé Français, 2. Aufl. Paris 1949;

Niederer, Die Frage der Qualifikation als Grundproblem des internationalen Privatrechts, Zürich 1940;

Niederer, Internationales Privatrecht und Völkerrecht (Grundsätzliches über ihr gegenseitiges Verhältnis), Schweizerisches Jahrbuch für internationales Recht, Band V (1948), S. 63—82;

Niederer, Einführung in die allgemeinen Lehren des internationalen Privatrechts, Zürich 1954;

Niedner, Das Einführungsgesetz v. 18. 8. 1896 (Kommentar), 2. Aufl. 1901;

Niemeyer, Vorschläge und Materialien zur Kodifikation des Internationalen Privatrechts, 1895;

Niemeyer, Das internationale Privatrecht des Bürgerlichen Gesetzbuches, 1901;

Nolde, La Codification du droit international privé, Recueil des cours, Band 55 (1936 I), S. 303—432;

Nußbaum, Deutsches Internationales Privatrecht, unter besonderer Berücksichtigung des österreichischen und schweizerischen Rechts, 1932;

Pagenstecher, Der Grundsatz des Entscheidungseinklangs im internationalen Privatrecht. Ein Beitrag zur Lehre vom Renvoi, 1951;

Philonenko, La Théorie du Renvoi en Droit Comparé, Paris 1935;

Pilenko, Le droit spatial et le droit international privé dans le projet du nouveau Code Civil français, Athen 1953; abgedruckt auch in Revue hellénique de Droit International 1953, S. 319—355;

Pilenko, Droit spatial et le droit International privé, Rom 1954; abgedruckt auch in Ius gentium (Rom), Band V (1954), S. 34—59;

Protokolle, Protokolle der Kommission für die 2. Lesung des Entwurfs des Bürgerlichen Gesetzbuches, bearbeitet von Achilles, Gebhard, Spahn, Band VI, 1899;

Raape, Internationales Privatrecht, 4. Aufl. 1955;
Rabel, The Conflict of Laws, A comparative study, Ann Arbor, Band I 1945;
Rheinstein, Das Kollisionsrecht im System des Verfassungsrechts der Vereinigten Staaten von Amerika, Festschrift für Ernst Rabel, Band I, 1954, S. 539—589;
Ross, Lehrbuch des Völkerrechts, 1951;
Rundstein, La Structure du Droit International Privé et ses rapports avec le Droit des Gens, Revue de Droit International et de Législation Comparée, 3. Serie, Bd. 17 (63. Jahrgang), 1936, S. 314—349 und S. 512—551;
Savatier, Cours de Droit International Privé, 2. Auflage 1953;
Savigny, System des heutigen römischen Rechts, Band VIII, 1849;
Schiffer, Der Begriff des ordre public in der französischen Rechtsprechung und seine Anwendung im Internationalen Privatrecht, Diss. Köln 1952;
Schnell, Über die Zuständigkeit zum Erlaß von gesetzlichen Vorschriften über die räumliche Herrschaft der Rechtsnormen, ZIR 5 (1895), S. 337—343;
Serick, Nach welchem Recht ist der Wohnsitz in §§ 13 und 16 ZPO bei Auslandsbeziehungen zu beurteilen?, Zeitschrift für Zivilprozeß (ZZP), Bd. 68 (1955), S. 278—301;
Soergel-Kegel, Kommentar zum Bürgerlichen Gesetzbuch nebst Einführungsgesetz, 8. Aufl., IV. Band, Einführungsgesetz, 1955;
Sohn, New Bases for Solution of Conflict of Laws Problems, Harvard Law Review, Band LV (1941—1942), S. 978—1004;
Staudinger-Raape, Staudinger, Kommentar zum Bürgerlichen Gesetzbuch und dem Einführungsgesetz, 9. Aufl., Band VI (Einführungsgesetz), 2. Teil (Internationales Privatrecht), erl. von Raape, 1931;
von Steiger, Der Wohnsitz als Anknüpfungsbegriff im internationalen Privatrecht, Bern 1934;
von Steiger, Die Bestimmung der Rechtsfrage im internationalen Privatrecht unter besonderer Berücksichtigung des schweizerischen Rechts (Ein Beitrag zum Qualifikationsproblem), Bern 1937;
Travaux, Travaux de la Commission de réforme du code civil, année 1948—1949 und 1949—1950, Paris 1950 und 1951;
Vallindas, Les principes de la bilatéralité et de la possibilité d'internationalisation des règles du droit international privé, Revue hellénique de Droit International, 1948, S. 329—335;
Verplaetse, Derecho Internacional Privado, Madrid 1954;
Vivier, Le caractère bilatéral des règles de conflit de lois, Revue critique de Droit International Privé 1953, S. 655—676; 1954, S. 73—90;
Verdross, Völkerrecht, 2. Aufl. Wien 1950;
Weis, Nationality and Statelessness in International Law, London 1956;
Wengler, Die Vorfrage im Kollisionsrecht, ZAIP 8 (1934), S. 148—251;
Wengler, Die allgemeinen Rechtsgrundsätze des IPR und ihre Kollisionen, Zeitschrift für öffentliches Recht 1943/1944, S. 473—509 (französische Übersetzung mit einigen Änderungen und Literaturnachträgen in Revue critique de droit international privé, 1952, S. 595—622, 1953, S. 37—60;
Wengler, Die Qualifikation der materiellen Rechtssätze im internationalen Privatrecht, Festschrift für Martin Wolff, 1952, S. 337—374;
Wengler, Fragen der Faktizität und Legitimität bei der Anwendung fremden Rechts, Festschrift für Hans Lewald, 1953, S. 615—632;
Wolff, Private International Law, 2. Aufl. Oxford 1950;
Wolff, Das internationale Privatrecht Deutschlands, 3. Aufl. 1954;
Yntema, Die historischen Grundlagen des internationalen Privatrechts, Festschrift für Ernst Rabel, Band 1, 1954, S. 513—537;
Zitelmann, Internationales Privatrecht, 1. Band 1897;
Zweigert, Die Dritte Schule im Internationalen Privatrecht. Zur neueren Wissenschaftsgeschichte des Kollisionsrechts, Festschrift für Leo Raape, 1948, S. 35—52.

Besondere Abkürzungen

Etude I (Et. I)	Pilenko, Droit spatial et le droit International privé;
Etude II (Et. II)	Pilenko, Le droit spatial et le droit International privé dans le projet du nouveau Code Civil français;
Fschr.	Festschrift;
Iher. Jb.	Iherings Jahrbücher für die Dogmatik des bürgerlichen Rechts;
MDR	Monatsschrift für deutsches Recht;
NJW	Neue juristische Wochenschrift;
Recueil	Académie de droit international, Recueil des cours;
Rev. critique	Revue critique de Droit International Privé, Paris;
Travaux IV	Travaux de la Commission de réforme du Code Civil, année 1948—1949;
Travaux V	dto., année 1949—1950;
ZAIP	Zeitschrift für Ausländisches und Internationales Privatrecht, begründet von Ernst Rabel;
ZIR	Niemeyers Zeitschrift für Internationales Recht, begründet von F. Böhm (1890);
ZvglRw	Zeitschrift für vergleichende Rechtswissenschaft einschließlich der ethnologischen Rechtsforschung und des Kolonialrechtes;
ZZP	Zeitschrift für Zivilprozeß.

1. Teil

Das geltende System und seine Entstehung

A. Das geltende System

Eine Arbeit, die Grundfragen des Internationalen Privatrechts (IPR) aufwirft, sollte mit einer gediegenen Begriffsbestimmung beginnen. Dieser meist zuverlässige Weg wissenschaftlicher Erörterung wird hier ausnahmsweise verlassen. Denn der im einzelnen noch zu verfolgende Streit der Meinungen über Art und Zweck der iprechtlichen Norm führt an die Wurzeln des IPR und stellt gerade dessen Begriffsbestimmung zwischen die Fronten. Diese bleibt darum zurückgestellt, bis die eigene Stellungnahme das Bild der iprechtlichen Norm „von der Parteien Gunst und Haß" entwirrt und zur Bestimmung ihres Zweckes und ihrer Natur geführt hat. Die Darstellung vermag sich auch ohne Schaden zunächst mit gesicherten formalen Erkenntnissen zu begnügen.

Die von der Welt unberührte Südseeinsel kann sich mit einem einfachen oder auch entwickelten Rechtssystem für die Inselbewohner bescheiden. Stets und nur kommt die Rechtsordnung mit den ihr Unterworfenen in Berührung. Die Lage ändert sich in Fällen persönlicher und sachlicher Beziehungen über die Grenzen einer Rechtsordnung hinaus. Hier haben die Juristen seit Urvätertagen die Frage nach dem anzuwendenden Recht gesehen. Die unterschiedlichen Antworten füllen Bibliotheken. Davon festzuhalten gilt es nur den heutigen Stand dieser Entwicklung. Fast alle Staaten wenden unter bestimmten Voraussetzungen nicht eigenes, sondern fremdes Recht an. Für gewisse Sachverhalte mit Auslandsberührung hält eine Rechtsordnung ein ausdrückliches oder zu erschließendes Lösungsverfahren bereit, dessen Normen üblicherweise Kollisionsnormen genannt werden. Es heißt in Deutschland herkömmlich Internationales Privatrecht. In den Artikeln 7—31 EGBGB hat es seinen ausgeprägtesten gesetzlichen Niederschlag gefunden. Die dort verwendeten Normtypen sind unterschiedlich. Ihre Kennzeichnung kann indes kurz sein, weil insoweit seit langem hinreichende Klarheit besteht. Man unterscheidet 3 Typen. So sagt z. B. Art. 14 Absatz I EGBGB („Die persönlichen Rechtsbeziehungen deutscher Ehegatten zueinander werden nach den deutschen Gesetzen beurteilt, auch wenn die Ehegatten ihren Wohnsitz im Auslande haben") nur, auf welche persönlichen Rechtsbeziehungen von Ehegatten deutsches Recht anzuwenden ist. Den Gegensatz dazu bildet z. B. Art. 7 Absatz I EGBGB („Die Geschäftsfähigkeit einer Person wird nach den Gesetzen des Staates beurteilt, dem die Person angehört"), der für die Geschäftsfähigkeit aller Menschen erschöpfend auf das anwendbare Recht hinweist. Zwischen beiden Typen steht z. B. Art. 13 Absatz I Satz 2 EGBGB („Das gleiche — nämlich: Die Eingehung der Ehe wird in Ansehung eines jeden der Verlobten nach den Gesetzen des Staates beurteilt, dem er angehört — gilt für Ausländer, die im Inland eine Ehe eingehen").

Normen von der Art des Art. 14 Absatz I EGBGB heißen nach eingeführtem Sprachgebrauch einseitige Kollisionsnormen, weil sie einseitig nur von der Anwendbarkeit deutschen Rechts sprechen. Gewiß ließe sich diese Bezeichnung auch ausschließlich auf Fälle, in denen nur von der Anwendbarkeit ausländischen Rechts gesprochen wird, verwenden[1]). Der obige Sprachgebrauch hat sich aber durchgesetzt. Einseitige Kollisionsnormen überwiegen im EGBGB[2]). Ihnen stehen die allseitigen Kollisionsnormen nach Art des Art. 7 Absatz I EGBGB gegenüber[3]). Diese zwar farblose Bezeichnung wird besser als der Name „mehrseitige" Kollisionsnorm dem umfassenden Charakter der getroffenen Regelung gerecht, ist treffender als „generelle" Kollisionsnorm und vermeidet gerade durch die Farblosigkeit das unangemessene Werturteil, das in „vollkommene" Kollisionsnorm durchscheint. Zwischen den ein- und allseitigen Kollisionsnormen stehen die unvollständig allseitigen nach Art des Art. 13 Absatz I Satz 2 EGBGB. Im Rahmen dieser Arbeit scheiden sie aus dem Blickfeld der Betrachtungen aus.

Selbstverständlich gestaltet sich der Weg der Rechtsfindung verschieden, wenn ein- oder aber allseitige Kollisionsnormen den Ausgangspunkt bilden. Ob die verschiedenen Wege auch zu verschiedenen Zielen führen, mag zunächst dahinstehen. In Deutschland sind seit Anwendung des Einführungsgesetzes die einseitigen Kollisionsnormen durchweg zu allseitigen „ausgebaut" worden.

Diese Entwicklung, die zu einer festgefügten Praxis geführt hat[4]), nötigt zu zwei Fragen: Wie kam es zu einem System, das von Beginn seiner Anwendung wieder aufgegeben wurde? Ist diese Entwicklung unwidersprochen gutgeheißen worden?

B. Die Entstehung des geltenden Systems

1881 und 1897 arbeitete der badische Ministerialrat Gebhard je einen Vorentwurf für das IPR aus[5]). Die ganz überwiegende Zahl der von ihm aufgestellten Kollisionsnormen war allseitig. Seine Entwürfe bildeten die

---

1) Neuhaus, a. a. O., ZAIP 18 (1953), S. 657, nennt solche Normen „negativ-einseitige".

2) Außer Art. 14: Art. 7 III 1, 8, 10 S. 2, 12, 13 II u. III, 14, 15 I u. II 2. HS, 16, 17 III u. IV, 18, 19, 20, 21 HS 2, 22, 23 I 2. Fall, 24 I, 25 S. 2 EGBGB.

3) Ähnlich Art. 11, 17 I u. II, 21 I, 23 I 1. Fall EGBGB.

4) Wolff, IPR, a. a. O., S. 35, hält den Ausbau der einseitigen Kollisionsnormen zu allseitigen für ein „unbezweifeltes Gewohnheitsrecht".

5) Vgl. zum folgenden Staudinger-Raape, a. a. O., S. 11 u. 53 f., und Melchior, Grundlagen, a. a. O., S. 31—33.

Grundlage für die Beratungen der 1. Kommission, deren Protokolle nicht veröffentlicht sind. Die 1. Kommission stellte nach einer vorläufigen Fassung einen endgültigen besonderen Gesetzentwurf mit dem Titel „Räumliche Herrschaft der Rechtsnormen“ auf der Grundlage der von Gebhard aufgestellten allseitigen Kollisionsnormen her. Diesem 1. Entwurf der 1. Kommission folgte nach Beratung ein 2. Entwurf der 2. Kommission, ebenfalls zunächst in vorläufiger, dann in endgültiger Fassung. Auch dieser ging von allseitigen Kollisionsnormen aus und wünschte sie als 6. Buch unter dem Titel „Anwendung ausländischer Gesetze“ dem BGB anzuschließen, da das Kollisionsrecht „Bestandteil des materiellen Rechts“ sei[1]). Dieser 2. Entwurf ging an den Bundesrat. Der Bundesrat ersetzte die meisten allseitigen Kollisionsnormen durch einseitige und gab dem IPR im wesentlichen die Fassung, die es heute im EGBGB hat. Die Gründe, die den Bundesrat zu dieser Änderung bewogen haben, lassen sich nur vermuten, weil sie vom Bundesrat nicht mitgeteilt und auch sonst nicht veröffentlicht sind. Die Veröffentlichung soll von Bismarck untersagt worden sein, dessen Mißfallen die allseitigen Kollisionsnormen wegen ihres kosmopolitischen Charakters erregt hätten[2]). Nach Nußbaum[3]) wurde die entsprechende Bundesratsdrucksache Nr. 10 Session 1896 des Bundesratsausschusses für Justizwesen ohne weiteres und unverändert vom Plenum des Bundesrates angenommen. Gründe politischer Rücksichtnahme und diplomatischer Klugheit werden allerdings überwiegend als Grund für den Entschluß des Bundesrates vermutet[4]). Raape hält auch Bedenken rein juristischer Art für möglich und daneben das Bestreben des Bundesrates, Lehre und Rechtsprechung freie Hand zu lassen[5]). In dem letzteren Punkt stimmt Niedner zu[6]). Lediglich Neumann[7]) glaubt, daß den Bundesrat kein besonderer Grund beherrscht habe. Er teilt mit, daß die „Auskunft einer an den Schlußverhandlungen über diesen Teil beteiligten Persönlichkeit die Abweichung des Bundesrates von der Kommissionsvorlage als eine unbeabsichtigte, durch den Gang der Verhandlung und die Art der nach Majoritäten erfolgten Feststellung der anzunehmenden Sätze hervorgerufene zufällige Ungleichheit“ erscheinen lasse.

Eine begründete Auskunft über die Haltung des Bundesrates (genauer: des Bundesratsausschusses für Justizwesen) läßt sich mithin nicht geben. Vom Gesetzgeber ist darum eine Antwort auf die Frage ein- oder allseitige Kollisionsnormen als Grundlage des IPR nicht zu erlangen.

---

1) Protokolle der 2. Kommission, a. a. O., Bd. 6, S. 89.

2) Nussbaum, IPR, a. a. O., S. 27; Gutzwiller, IPR, a. a. O., S. 1559; vgl. auch RGZ (Vereinigte Zivilsenate) 55, 345—360 (353, obiter dictum).

3) IPR, a. a. O., S. 28, Anm. 4.

4) Habicht, IPR, a. a. O., S. 6; Niemeyer, IPR, a. a. O., S. 19 u. 27.

5) Staudinger-Raape, a. a. O., S. 54.

6) Einführungsgesetz, a. a. O., S. 14.

7) Verhandlungen, a. a. O., S. 174.

C. Frühere Kritiker des Systems allseitiger Kollisionsnormen

Es ist verständlich, daß sich seit Beginn der Arbeiten an den Entwürfen zum IPR in Wissenschaft und Praxis auch kritische Stimmen zum System allseitiger Kollisionsnormen fanden. Denn allgemein anerkannte Erkenntnisse verzeichnete dieser zwar nicht junge aber unentwickelte Zweig der Rechtswissenschaft kaum. Der Meinungsstreit mußte darum erst recht in allen Einzelfragen heftig entbrennen, als man sich anschickte, für das ganze Reich verbindliche Normen aufzustellen.

Die kritischen Stimmen zum System allseitiger Kollisionsnormen werden hier in zwei Abschnitten behandelt, nämlich zunächst die unmittelbaren Gegner und dann jene, deren allgemeine Grundauffassung des IPR von Einfluß auf ihre Einstellung zu allseitigen Kollisionsnormen sein könnte.

I. Die unmittelbare Kritik

1. Schnell.

Für Schnell ist ein System allseitiger Kollisionsnormen nicht nur unvereinbar mit den Grundsätzen des Völkerrechts und den Grundlagen, auf denen die öffentliche Ordnung eines jeden Kulturstaates beruhe, sondern auch praktisch undurchführbar[1]). Zur Begründung grenzt Schnell[2]) die Gerichtsgewalt ab gegen die Gesetzgebungsgewalt und die Grenzregulierungsgewalt. Ein zum Urteil berufenes Gericht dürfe zwar nicht uneingeschränkt und ausnahmslos inländisches Recht anwenden — insoweit stimmten Gerichts- und Gesetzgebungsgewalt nicht überein —, der Staat dürfe aber andererseits nicht bestimmen, welche fremde Gewalt über ein seiner eigenen Herrschaft nicht unterstelltes Gebiet, eine seiner Herrschaft nicht unterworfene Person und ein seiner Herrschaft nicht unterliegendes Rechtsverhältnis zu herrschen habe. So wenig z. B. Deutschland französische Gebietsteile an Spanien abtreten oder einem Franzosen die spanische Staatsangehörigkeit verleihen könne, so wenig könne der deutsche Gesetzgeber Grenznormen des Privatrechts in den Fällen festsetzen, die seiner Herrschaft nicht zufielen. Die Gerichtsgewalt schließe die Grenzregulierungsgewalt nicht ein. Vielmehr sei zur Grenzziehung nur befugt, wem auch die abzugrenzenden Gegenstände zufielen. Schnell hält darum allseitige Kollisionsnormen für einen Eingriff in fremde Souveränität.

An praktischen Schwierigkeiten der allseitigen Kollisionsnorm führt Schnell[3]) insbesondere die Qualifikation und die „bekannten Streitigkeiten über die Verweisung" an. Demgegenüber hält er ein System ausschließlich einseitiger Kollisionsnormen für leicht verwirklichbar[4]): Der

---

1) ZIR 5, a. a. O., S. 337.
2) S. 338 f.
3) S. 342 f.
4) S. 342.

Richter wende, wenn deutsches Recht nicht anzuwenden sei, dasjenige Recht an, das angewandt sein wolle; fänden sich mehrere solcher anwendbaren Rechte (positiver Konflikt), habe der Richter das Recht anzuwenden, dessen einseitige Kollisionsnorm der eigenen entspreche.

Bei dieser Formulierung läuft das System sicher in Fällen des positiven Konfliktes auf ein System allseitiger Kollisionsnormen hinaus; denn es bedeutet nur ein Spiel mit Worten, ob ich z. B. für die Geschäftsfähigkeit das Recht des Staates anwende, dem die betreffende Person angehört oder ob ich für Deutsche deutsches Recht und für Ausländer jeweils das Recht ihres Heimatstaates anwende. Schnell erfaßt aber nicht jene Fälle, in denen keine der im Konflikt befindlichen Rechtsordnungen eine der einseitigen Kollisionsnorm der lex fori entsprechende einseitige Kollisionsnorm hat. Keine Stellung nimmt Schnell schließlich zur Lösung des negativen Konfliktes, der entsteht, wenn weder eigenes Recht anzuwenden noch anwendungsbereites ausländisches Recht aufzufinden ist.

2. Edelmann.

Dieser Schriftsteller stimmt Kritik und Ausführung von Schnell voll zu[1]). Auf die Wiedergabe und Behandlung seiner Gedanken kann daher verzichtet werden.

3. Niedner.

Niedner geht davon aus[2]), daß IPR nicht materielles, sondern formales Recht sei und nur die Zuständigkeit für die Gesetzgebung jedes einzelnen Staates regeln dürfe. Ähnlich Schnell ist er der Meinung, daß inländische Zuständigkeitsbestimmungen für ausländisches Recht in die Souveränität des fremden Staates unberechtigt eingreifen. Analog den Vorschriften der Prozeßgesetze dürften, so folgert er, die deutschen IPR-Normen nur anordnen, daß, wenn deutsches Recht nicht anzuwenden sei, Raum für die Anwendung ausländischen Rechts bleibe, dagegen nicht positiv sagen, welches ausländische Recht gelten solle. Darüber hinaus greifen nach Niedner allseitige Kollisionsnormen auch in materielles ausländisches Recht ein und verletzen unter Umständen insbesondere wohlerworbene Rechte. Niedner räumt dabei zwar ein, daß zu diesem Ergebnis auch die Anwendung strikt einseitiger Kollisionsnormen führen könne, solche Nachteile seien aber angesichts des Mangels völkerrechtlicher Einheitlichkeit der Kollisionsnormen nicht zu vermeiden.

Das System einseitiger Kollisionsnormen verwirklicht sich für Niedner[3]) in der Praxis äußerst einfach: Ist deutsches Recht nicht anzuwenden, so sind die einseitigen Normen aller möglicherweise für die Lösung des Falles in Betracht kommenden Staaten zu prüfen; weise von den geprüften Normen nur eine auf die Anwendung eigenen Rechtes hin, so sei dieses anzuwenden; in jeglichem Konfliktsfall dagegen sei auf das dem IPR

---

1) ZIR, a. a. O., Bd. 8, besonders deutlich S. 304.
2) Einführungsgesetz, a. a. O., S. 13 f.
3) a. a. O., S. 15.

des Forums entsprechende ausländische System zurückzugreifen. Mit dieser Formel begnügt sich Niedner. Er sagt nicht, wie sich seine Regel in negativen Konflikten auswirken soll. In positiven Konflikten läuft sein Vorschlag — wie der von Niedner — auf ein System allseitiger Kollisionsnormen hinaus.

4. Keidel.

Ein System einseitiger Kollisionsnormen wird offenbar auch von Keidel im Grundsatz vorgezogen. Er berührt diese Frage — auf der letzten Seite seines Aufsatzes — aber nur äußerst am Rande. Dort[1]) sagt er: Sei deutsches Recht nicht anwendbar, so müsse jedes ausländische Recht, das „überhaupt in Betracht komme", geprüft werden, ob es angewandt sein wolle; ergebe diese Prüfung nur ein anwendbares ausländisches Recht, sei es anzuwenden; erhöben dagegen mehrere ausländische Rechte einen Herrschaftsanspruch, sei die „deutsche iprechtliche Norm entsprechend anzuwenden". Dieser Vorschlag läuft auf die Systeme von Schnell und Niedner hinaus. Da Keidel seine Gedanken aber nicht näher ausgeführt hat, kann er im Rahmen der Betrachtungen in dieser Arbeit im einzelnen unberücksichtigt bleiben.

5. Neumann.

Neben den schon erwähnten Kritikern nimmt Neumann eine Sonderstellung ein. Seine Ausgangsüberlegung ist eine dreifache Forderung an den Gesetzgeber[2]): Dieser müsse iprechtliche Normen schaffen, wie sie sich aus der an Hand der inländischen Rechtsordnung verstandenen Natur der Sache ergäben. Er müsse daneben jeder ausländischen materiellen Rechtsordnung die volle Gleichberechtigung neben der eigenen zuerkennen; er müsse schließlich auch die ausländische iprechtliche Ordnung gleichberechtigt neben die eigene stellen. Aus dem Grundsatz allgemeiner Gleichberechtigung aller privatrechtlichen Ordnungen (der materiellen wie der iprechtlichen) folgert Neumann[3]): Fehle „diejenige Beziehung, von der die Anwendung des inländischen IPR" abhänge, so sei das maßgebende Recht „auf Grund des IPR desjenigen Rechtsgebietes zu finden, für welches diese Beziehung bestehe". Die Formulierung Neumanns ist nicht leicht durchsichtig und gewiß unglücklich. Die Beziehung, von der die Anwendung des deutschen IPR abhängt, ist in Deutschland ein Verfahren vor einem deutschen Gericht. Neumann meint etwas anderes, nämlich: Liegt das in einer inländischen Kollisionsnorm geforderte Anknüpfungsmerkmal (z. B. die deutsche Staatsangehörigkeit) als Voraussetzung für die Anwendung deutschen materiellen Rechts nicht vor, dann ist das IPR desjenigen Staates heranzuziehen, dessen Staatsangehöriger z. B. ein Erblasser war. War dieser z. B. Franzose, dann ist nach Art. 25 EGBGB deutsches Erbrecht nicht anzuwenden, sondern französisches IPR, das dann

[1]) a. a. O., ZIR 7, S. 244.
[2]) Verhandlungen, a. a. O., S. 171; vgl. auch IPR, a. a. O., S. 21, 27.
[3]) Verhandlungen, a. a. O., S. 172 u. 174, Anm. 1.

zur Anwendung französischen materiellen Rechts führt. Dieses System ist weder einseitig[1]) noch im schlichten Sinne allseitig, weil es nie zu „Verweisungen" auf fremde Sachnormen, sondern stets auf ausländische Kollisionsnormen führt. Eine Folge der Verwandtschaft mit allseitigen Kollisionsnormen aber ist, daß deutsches Recht im Ergebnis auch über die Anwendung ausländischen Rechts bestimmt — was für die Anhänger der einseitigen Kollisionsnorm verpönt ist —, nämlich insofern, als es — jedenfalls zunächst — alle iprechtlichen Systeme von der Prüfung ausschließt, die in casu ein von der Kollisionsnorm des Forums abweichendes Anknüpfungsmerkmal haben.

Diese Lehre Neumanns ist einzig in ihrer Art. Zerlegt man sie weiter in ihre gedanklichen Teile, so ergibt sie: Die Kollisionsnorm wird in zwei Teile aufgespalten, einen Teil, der, wenn das vorgesehene Anknüpfungsmoment (z. B. Staatsangehörigkeit) vorhanden ist, zur Anwendung eigenen materiellen Rechts führt, und einen zweiten, der, wenn eigenes Recht nicht anzuwenden ist, zur Anwendung eines bestimmten ausländischen Kollisionsrechts führt. Neumann hat sein System im einzelnen nicht näher durchgeprüft. So ist z. B. nicht ganz klar, wie er sich verhält, wenn — nachdem deutsches Recht nicht anwendbar ist — das bezogene IPR (z. B. das dänische als lex patriae) auf die Anwendung deutschen Rechts als lex domicilii verweist. Verficht Neumann sein System folgerichtig, so müßte er sich stets den Standpunkt des Richters im Staate des ersten bezogenen IPR zu eigen machen. Das führt zu einem System allseitiger Kollisionsnormen mit — zunächst — ausschließlichen Kollisionsnormverweisungen unter Berücksichtigung der sogenannten foreign-court-Theorie, d. h.: Ist deutsches Recht nicht anwendbar, muß der deutsche Richter entscheiden, wie der Richter derjenigen Rechtsordnung entscheiden würde, dessen IPR als erstes bezogen worden ist[2]). Dieser Lehre braucht hier im einzelnen nicht nachgegangen zu werden. Es gilt nur festzuhalten, daß Neumann trotz der zunächst in diese Richtung weisenden Formulierung nicht zu den Vertretern eines Systems einseitiger Kollisionsnormen gehört, sondern der Sache nach von allseitigen Kollisionsnormen ausgeht[3]). Zu Unrecht wird er darum zusammen mit Schnell und Niedner genannt[4]). Im Rahmen der Auseinandersetzung mit den Systemen einseitiger Kollisionsnormen braucht man auf Neumann nicht näher einzugehen.

---

1) Einseitig ist nur die Formulierung: Deutsches IPR weist nicht auf französisches IPR, sondern französisches IPR wird gleichsam originär zugrunde gelegt als lex patriae; vgl. auch IPR, a. a. O., S. 29, 101.

2) Ähnlich die nur im Ergebnis mitgeteilte Würdigung der Lehre Neumanns durch Martin Wolff, IPR, a. a. O., S. 35, u. Private International Law, a. a. O., S. 97, Anm. 3; vgl. z. B. Neumann selbst in IPR, a. a. O., S. 33.

3) Vgl. seinen Gesetzentwurf in IPR, a. a. O., S. 1—16.

4) Z. B. bei Niemeyer, IPR, a. a. O., S. 21.

6. Enneccerus.

Der Vollständigkeit wegen ist ein Hinweis auf das Lehrbuch des Bürgerlichen Rechts (Allgemeiner Teil) von Enneccerus angezeigt. Sowohl Enneccerus selbst[1]) als auch der spätere Bearbeiter Nipperdey[2]) wehren sich dagegen, daß die einseitige Kollisionsnorm als mangelhaft oder gar „pathologisch" anzusehen sei; sie führe vielmehr zu einem vortrefflichen Rechtszustand, wenn alle Staaten ausschließlich die Anwendbarkeit ihres eigenen Rechtes festsetzten, dabei aber eine so vollkommene Harmonie bewiesen, daß jeder Staat zugleich die Anwendung der fremden Rechte in den von diesen bestimmten Grenzen vorschreiben könne. Die Lösung des Bundesrates sei darum zu loben, weil sie eine völkerrechtliche Verständigung erleichtere. Bei Nipperdey[3]) glaubt man zwischen den Zeilen lesen zu können, daß allseitige Kollisionsnormen von Intoleranz und Mangel an vernünftiger Selbstbeschränkung zeugen.

Trotz dieser Bemerkungen können Enneccerus und Nipperdey nicht zu den Vertretern eines Systems einseitiger Kollisionsnormen gerechnet werden. Nipperdey[4]), der insoweit von Enneccerus nicht abweicht, läßt nämlich die Ausgestaltung einseitiger Kollisionsnormen zu allseitigen zu, aber nur wenn die Verweisung auf ausländisches Recht als „Gesamtverweisung" (Verweisung auf Kollisionsrecht) verstanden werde; dazu sei man berechtigt, weil der Gesetzgeber z. B. bei der Anknüpfung der Geschäftsfähigkeit an die Staatsangehörigkeit den Grundsatz der Staatsangehörigkeit offensichtlich für das höherrangige Prinzip erklärt habe. M. a. W.: Enneccerus und Nipperdey bestreiten lediglich, daß der einseitigen Kollisionsnorm das Prinzip der Sachnormverweisung zu entnehmen sei, gestatten aber eine analoge Ausweitung der einseitigen zur allseitigen Norm mit Kollisionsnormverweisung. Darum kann im einzelnen auch diese Auffassung unbehandelt bleiben. Im ganzen ist das Lob auf die einseitige Kollisionsnorm de optima lege ferenda zu verstehen, de lege lata stehen Enneccerus und Nipperdey auf dem Boden grundsätzlich allseitiger Kollisionsnormen.

II. Die mittelbare Kritik

Es empfiehlt sich, einen kurzen Blick auf die Gedankengänge von Zitelmann und Frankenstein zu werfen, die durch Art und Ausgestaltung ihrer Systeme eine gedrängte Betrachtung mit Blickpunkt auf die Frage ein- oder allseitige Kollisionsnormen nahelegen.

---

1) 7. Bearbeitung, a. a. O., S. 141 f.
2) 13. Bearbeitung, a. a. O., S. 177; 14. Bearbeitung, S. 243.
3) 14. Bearbeitung, a. a. O., S. 251.
4) 14. Bearbeitung, a. a. O., S. 252.

1. Zitelmann.

Für Zitelmann ist eine Lösung der iprechtlichen Probleme — wenn überhaupt — nur vom Völkerrecht her zu erwarten[1]). Das Völkerrecht weist jedem Staat einen bestimmten Herrschaftsraum zu[2]). Nur der Staat kann mit Anspruch auf internationale Anerkennung „subjektive Rechtsmacht" verleihen, dem gerade zu dieser Verleihung die völkerrechtlich anerkannte staatliche Macht zukommt[3]). Um den Anschluß zwischen seinem System und den geschichtlich gewachsenen nationalrechtlichen Systemen nicht zu verlieren, bezeichnet Zitelmann als IPR nicht nur den Teil des Völkerrechts, welcher für die einzelnen Staaten die Gesetzgebungsgewalt abgrenzt[4]), sondern auch die Summe der im Innern eines Staates aufgestellten Kollisionsnormen[5]). Das innerstaatliche IPR hat sogar für den Richter bei seiner Rechtsfindung den Vorrang[6]), gleichgültig, ob es den völkerrechtlichen Regeln entspricht oder nicht. Der Rückgriff auf völkerrechtliches IPR erfolgt erst dann, wenn innerstaatliche Regeln fehlen. Auf diese Weise kennt Zitelmann völkerrechtsgemäßes und völkerrechtswidriges innerstaatliches IPR[7]); im letzteren Falle spricht er zwar dem Staate die Möglichkeit zu, sich tatsächlich durchzusetzen, soweit seine Macht reicht, diese Herrschaft ist aber — vom Standpunkt des Völkerrechts — nicht rechtmäßig[8]). Völkerrechtsgemäß ist innerstaatliches IPR, wenn die Herrschaftssphäre der Staaten nach Personen[9]) und Gebieten[10]) abgegrenzt ist. Die Einzelausgestaltung dieses Systems führt bei Zitelmann praktisch zu drei Typen von Kollisionsnormen: Das Personalstatut wird von der Staatsangehörigkeit beherrscht[11]), das Sachstatut von der lex rei sitae[12]), alles übrige vom sogenannten Gebietsstatut[13]).

Bei dieser äußerst vereinfachten Darstellung des Systems Zitelmanns kann es für die Ziele dieser Arbeit sein Bewenden haben. Denn Zitelmanns Stellung zur einseitigen Kollisionsnorm ist hinreichend beleuchtet. Solange sich ein Staat an die von Zitelmann als allein völkerrechtsgemäß aufgestellte Grenzscheidung nach Personal- und Gebietsherrschaft hält, steht der Aufstellung allseitiger (Zitelmann nennt sie generelle[14])) Kollisionsnormen nichts im Wege. Denkt man Zitelmanns Gedanken weiter, dann bedürfte es aber der allseitigen Kollisionsnorm nicht einmal. Denn halten sich alle Staaten an ihre völkerrechtlichen Bindungspflichten, ist es selbstverständlich, daß ein Richter für den Bereich jedes Staates von den angeführten drei Typen der Kollisionsnorm ausgeht, so daß sich die Allseitigkeit als vielleicht noch technisch zweckmäßige, sachlich aber überflüssige Redaktionsform ausweist. Weicht ein Staat aber von den Normen Zitelmanns ab — z. B. indem er alle Fragen des Personalstatuts nach dem Wohnsitzrecht beantwortet —, dann ist ein solches System nach Zitelmann völkerrechtswidrig, unabhängig davon, ob es eine solche

---

1) IPR, a. a. O., I 41. 2) I 72. 3) I 68. 4) I 73. 5) I 74. 6) I 75. 7) I 202. 8) I 203. 9) I 82, 83—90, 104. 10) I 82, 90—95, 104. 11) I 125. 12) I 133. 13) I 136. 14) I 214.

Norm ein- oder allseitig aufgestellt hat. Natürlich ist es denkbar, daß ein Staat einseitig den Wohnsitz z. B. für die Geschäftsfähigkeit als Anknüpfungsmoment festsetzt, bei Nichtanwendbarkeit eigenen Rechts aber eine ausländische einseitige Kollisionsnorm zugrunde legt, die — ihrerseits völkerrechtsgemäß — die Staatsangehörigkeit entscheiden läßt. Dann wirkte sich allerdings eine solche einseitige Norm im Ergebnis nicht so umfassend völkerrechtswidrig aus wie eine entsprechende allseitige. Der Grundfehler eines solchen Systems bliebe aber bestehen. Zitelmann selbst spricht den generellen (= allseitigen) Kollisionsnormen, aus denen sich nach seiner Meinung durch Aufteilung jede gewünschte einseitige Norm ergibt[1]), die Fähigkeit zu, die vollkommensten Lösungen zu bieten[2]); nur wird man diesen Vermerk einschränken müssen auf die Fälle, in denen der Staat im Sinne Zitelmanns völkerrechtsgemäße allseitige Normen aufstellt.

Im ganzen ist es nicht möglich, Zitelmann in die Begriffsschablone ein- oder allseitige Kollisionsnormen einzuzwängen. Denn sein System ist nach Ausgangsüberlegung und Ausgestaltung so sehr verschieden von der herkömmlichen Auffassung vom Wesen des IPR, daß die Frage ein- oder allseitige Kollisionsnorm eine durchaus nebensächliche, höchstens technische Bedeutung gewinnt. Sowohl ein- als auch allseitige Normen können verfehlt oder richtig sein. Darum lassen sich mit den Gedankengängen Zitelmanns z. B. weder für noch gegen Schnell oder Niedner Beweise führen. Sein System muß als System sui generis gewürdigt werden.

2. Frankenstein.

Ähnlich wie bei Zitelmann gilt es auch bei Frankenstein nur die Stellungnahme zur Frage ein- oder allseitige Kollisionsnorm aus seinem groß angelegten System herauszulösen. Im Unterschied zu Schnell und Niedner sieht Frankenstein im IPR, das er Grenzrecht nennt[3]), kein Mittel, Souveränitätskonflikte zu lösen, sondern Normen, die die Herrschaft der einzelnen Rechtsordnungen gegeneinander abgrenzen[4]). Zunächst werden die Grenzen des eigenen Herrschaftsgebiets festgesetzt, diese Sätze sind für Frankenstein streng einseitige Sätze[5]). Rechtssätze sind sie aber nur[6]), soweit das Herrschaftsgebiet der Rechtsordnung für die eigenen Angehörigen bestimmt wird; wird dagegen eine Bestimmung auf Ausländer erstreckt — z. B. in dem Satz, daß für Ausländer ausländisches Recht gilt —, ist die Kompetenz der lex fori überschritten; denn daß ein Ausländer seinem Heimatrecht untersteht, ist für Frankenstein nicht Rechtssatz — d. h. im Grunde willkürlich annehmbar —, sondern ein aprioristisches Axiom[7]), eine wissenschaftliche Einsicht, für die

---

1) I 122. 2) I 214. 3) a. a. O., I 46. 4) I 34. 5) I 46. 6) I 46. 7) I 46 f.

es innerhalb der deutschen Rechtsordnung weder einen Satz der Widerlegung noch der Begründung geben kann. Frankenstein nennt diese wissenschaftlich erschließbare Anknüpfung primäre Anknüpfung. Als wissenschaftliche Grundpfeiler des IPR kennt er Gebietshoheit und Staatsangehörigkeit[1]); letztere ist für ihn das einzig mögliche rechtliche Band zwischen einem Menschen und einem Staat[2]). Nach Frankenstein ist dem ausländischen Recht der Einfluß im Inland nicht versagt[3]), fraglich ist nur die Grenze dieses Einflusses[4]), die ausschließlich vom inländischen Gesetzgeber errichtet werden kann, weil nur er die Grenze für fremdes Recht bestimmen kann; wie er es tut, hängt dann von seiner Einstellung zu den Grundfragen des Rechts ab. Frankenstein übersieht nicht, daß sich nicht alle Staaten an sein System halten. Er bleibt aber folgerichtig. Verweist z. B. eine Rechtsordnung, der primär die Herrschaftsgewalt z. B. über die Geschäftsfähigkeit eines Menschen kraft dessen Staatsangehörigkeit zukommt, auf das Recht seines Wohnsitzstaates, beachtet Frankenstein diese Verweisung zwar, er bezeichnet sie aber als sekundäre Anknüpfung[5]). Damit sind noch nicht alle Fälle erfaßt. Übrig bleibt eine Gruppe, in der vom Gesetz die lex fori auf Ausländer für anwendbar erklärt wird. Eine solche Anknüpfung ist bei Frankenstein verfemt, wenn sie nicht durch sekundäre Anknüpfung — lex patriae sieht z. B. für eigene Staatsangehörige in Fragen der Geschäftsfähigkeit Anknüpfung an den Wohnsitz (= Staat des Forums) vor — gerechtfertigt ist[6]). Eine gegen die Forderungen der axiomatischen Primär- und der hilfsweise zugelassenen Sekundäranknüpfung verstoßende Anknüpfung nennt Frankenstein Pseudoanknüpfung. Er hält sie ausnahmsweise für zulässig, wenn sie für das inländische Staatswohl unerläßlich ist[7]).

Trotz der häufigen Verwendung des Wortes „einseitig", läßt sich das System Frankensteins nicht als ein System einseitiger Kollisionsnormen im Sinne von Schnell oder Niedner kennzeichnen. Zunächst verbietet Frankenstein allseitige Normen nicht, die seinen axiomatischen Anknüpfungen gerecht werden. Soweit sie indes auf ausländisches Recht verweisen, sind sie für Frankenstein überflüssig, weil sich die Anwendung des betreffenden ausländischen Rechts weder aufhalten noch gebieten läßt: Sie ist axiomatisch richtig und nicht Rechtsatz, sondern wissenschaftliche Einsicht. Allseitige Kollisionsnormen finden in Frankensteins System ferner dann Platz, wenn es sich darum handelt, eigene Staatsangehörige für bestimmte Fälle (z. B. Geschäftsschluß im Ausland) ausländischem Recht zu unterstellen; denn weil die lex fori abschließende Herrschaftsmacht über ihre eigenen Staatsangehörigen hat, kann sie diese im Ausland nicht nur heimischem, sondern auch ausländischem Recht unterstellen[8]).

---

1) I 44, 49. 2) I 52. 3) I 44, 49. 4) I 45. 5) I 50, 61. 6) I 47, 52. 7) I 47.
8) so ausdrücklich I 47, I 261.

Aus diesem Systemaufbau ist zu folgern: Wo Frankenstein „einseitige" Kollisionsnormen zugrunde legt, beschränkt er sich zwar äußerlich darauf, von der Anwendung eigenen Rechts zu sprechen, er kennt aber keine der inländischen Norm entsprechende „einseitige" ausländische Rechtssätze, sondern nur entweder „einseitige" Anknüpfung an ausländische Staatsangehörigkeit oder ausländische Gebietsherrschaft qua axiomatische Anknüpfung oder aber Berücksichtigung ausländischer Sekundäranknüpfungen, die ihrerseits sehr wohl allseitig sein können (z. B. Geschäftsfähigkeit von In- und Ausländern wird nach dem Recht ihres Wohnsitzes beurteilt). Mit anderen Worten: Frankenstein kennt zwar einseitige Kollisionsnormen der lex fori, aber kein umfassendes, für alle Staaten allgemein verbindliches System einseitiger Kollisionsnormen. Wo Frankenstein dagegen allseitige Kollisionsnormen zuläßt (z. B. Anwendung ausländischen Rechts auf Inländer), da entspricht auch dieses allseitige System nicht dem üblichen Inhalt eines solchen Systems; denn es wird nicht z. B. für die Frage X auf Deutsche deutsches Recht und Ausländer die entsprechende lex patriae angewandt, sondern bestimmt, daß Deutsche sowohl inländischem als unter bestimmten Umständen auch ausländischem Recht unterstehen können. Das Begriffspaar einseitige — allseitige Kollisionsnorm nimmt bei Frankenstein mithin einen gegenüber Schnell und Niedner einerseits und Zitelmann andererseits gewandelten Inhalt an: Ein- und zweiseitig ist nicht auf die Anwendbarkeit der lex fori oder irgendeiner altera lex gerichtet, sondern primär auf Gebietsherrschaft und insbesondere Staatsangehörigkeit bezogen. Selbst wo die Bezugnahme auf fremdes Recht allseitig scheint, erfolgt sie im Rahmen z. B. deutscher Staatsangehörigkeit. So kann man Frankenstein nur dann einen Vertreter eines Systems einseitiger Kollisionsnormen nennen, wenn man bedenkt, daß ihn eine Welt von den Systemen Schnells und Niedners trennt. Für die Auseinandersetzung um die Frage, ob jede Rechtsordnung nur einseitig die Anwendbarkeit eigenen Rechts oder allseitig die Anwendbarkeit irgendeines Rechtes festsetzen soll, läßt sich aus dem System Frankensteins kein unmittelbares Argument herleiten. Es ist — wie das von Zitelmann — sui generis.

III. Der Erfolg der Kritik

Eine Auseinandersetzung mit den vorgetragenen Angriffen gegen das herrschende System allseitiger Kollisionsnormen bleibt zurückgestellt, bis die Darstellung der neueren kritischen Lehren abgeschlossen ist. An dieser Stelle erscheint es aber zweckmäßig, in Kürze das Echo wiederzugeben, das die schon erwähnten Systeme gefunden haben.

Im iprechtlichen Schrifttum findet man die Namen von Schnell und Niedner nicht häufig erwähnt, stellenweise nur einen Hinweis auf ihre Schriften und nur gelegentlich einen kurzen Satz der Stellungnahme. So meint Goldschmidt[1]) ohne weitere Begründung, daß Schnells System abzulehnen sei. Maury[2]) hält Schnells These für gefährlich; sie führe überdies häufig zum System allseitiger Kollisionsnormen zurück. Staudinger-Raape[3]) geht davon aus, daß Niedner lediglich den Bildern erlegen sei, die er selbst aufgestellt habe. Für Niemeyer[4]) sind die Systeme von Niedner und Neumann künstlich und undurchführbar. Niedner selbst[5]) wirft Neumann vor, es sei unbefriedigend, daß er stets eine Rechtsordnung vor anderen zunächst bevorzuge. Habicht[6]) nennt das System Neumanns zwar haltbar, aber reichlich durchlöchert und unpraktisch. Nur Sohn[7]) sieht in Schnell und Niedner „two eminent German jurists".

Zumindest über die Namen von Schnell und Niedner ist das Rechtsleben sehr schnell zur Tagesordnung übergegangen. Häufiger findet man dagegen im Schrifttum Hinweise auf Wert und Wesen der einseitigen Kollisionsnormen, ohne daß deren Vorkämpfer um die Jahrhundertwende persönlich genannt und angegriffen werden. Hier schwankt die Einstellung zwischen vorsichtigem Lob, wohlwollender Loyalität und krassem Tadel. Mit einseitigen Kollisionsnormen erfülle ein Gesetzgeber zwar vollkommen seine Aufgabe, sagt von Bar[8]), allseitige Kollisionsnormen seien aber zweckmäßig und der positive Ausdruck dessen, was schon aus der Natur der Sache folge. Nach Kahn[9]) sind einseitige Kollisionsnormen zwar das ursprüngliche, aber lediglich als Durchgangsstufe zu allseitigen aufzufassen. Wolff[10]) räumt ein, daß ein System einseitiger Kollisionsnormen „erträglicher" werde, wenn es in allen Staaten gleichmäßig gelte, bis dahin seien allseitige Normen aber vorzuziehen. Einseitige Kollisionsnormen seien zumindest auf den ersten Blick logischer und auch praktisch — mit zum Teil erheblichen Erleichterungen — durchzuführen, liest man bei Batiffol[11]), zwei Seiten später erklärt dieser die allseitigen aber für überlegen. Nach von Steiger[12]) sind Kollisionsnormen zwar in erster Linie zur Bestimmung des eigenen Rechts da, aber einseitige Normen werden nicht allen Aufgaben des IPR gerecht. Logisch durchaus möglich nennt Wengler[13]) ein System einseitiger Normen, aber er befürchtet „Harmoniestörung im internationalen Verkehr". Auch Gutzwiller[14]) hat keine Bedenken, daß

---

1) Fschr. Wolff, a. a. O., S. 206.
2) Recueil, a. a. O., 1936, S. 365.
3) a. a. O., S. 11.
4) IPR, a. a. O., S. 22; in DJZ 1898, S. 372 bezeichnet er Neumanns System als eine „Verirrung".
5) Einführungsgesetz, a. a. O., S. 17.
6) a. a. O., S. 14.
7) a. a. O., S. 980, Anm. 9.
8) a. a. O., ZIR 8, S. 178 f.
9) Abh., a. a. O., I S. 162.
10) IPR, a. a. O., S. 35.
11) Recueil 1948, S. 45.
12) Bestimmung der Rechtsfrage, a. a. O., S. 31, 40.
13) Wolff-FSchr., a. a. O., S. 372.
14) IPR, a. a. O., S. 1542.

ein einseitiges System möglich sei, es erfülle aber nicht die jedem Staat erwachsenden Rechtspflichten zwischen den Völkern. Besonders vorsichtig drückt sich Engel[1]) aus; nach ihm muß jedes System — gleichgültig ob es von einseitigen oder allseitigen Normen ausgeht — nach dem Ergebnis streben, das den begründetsten Anlaß zu einer „reconnaissance universelle des décisions" bietet.

Alle diese Hinweise bringen keine näheren Ausführungen, sondern belassen es im wesentlichen bei der wiedergegebenen salomonischen Kürze. Andere Schriftsteller berühren die einseitige Kollisionsnorm unmittelbar nicht einmal. So wird die allseitige Norm bei Staudinger-Raape[2]) als naturgemäß hingestellt, Raape nennt sie in seinem Lehrbuch[3]) naheliegend. Nußbaum findet in der einseitigen Norm den Ausdruck allgemeiner Rechtsgedanken und spricht ihr lediglich den Charakter als bedächtige Formulierung zu[4]). Die Analogie liege — wie stets bei teilweisen Lücken — nahe, meint Lewald[5]). Niederer[6]) geht noch weiter und meint, sie sei fast selbstverständlich. Einseitige Normen sind für Nolde[7]) wenig glücklich; zwar seien, fährt er fort, allseitige „evident" fehlerhaft, aber sie ließen keinen „Rest im Dunklen". Ähnlich Lewald in seinen règles générales[8]), wo er Bedenken gegen die Möglichkeit allseitiger Kollisionsnormen auf nationaler Grundlage erwägt, ihnen aber wegen der praktischen Vorzüge dieser Normen nicht nachgeht. Ganz allgemein stellt sich die allseitige Kollisionsnorm für Vallindas[9]) als desideratum für Gesetzgebung und Doktrin dar.

Heftigen Tadel gegen die einseitige Norm findet man seltener. Niederer[10]) hält sie für die Selbstaufgabe eines jeden IPR. Keine guten Worte findet das System des EGBGB bei Frankenstein und Neumeyer. Nach Frankenstein[11]) zeigt die Entstehungsgeschichte des EG, wie aus einer zwar nicht gedankenreichen, aber fleißigen und abgeschlossenen Arbeit von Gebhard durch „Beschränktheit und Unverstand der namenlosen Amtsstellen ein klägliches Machwerk voller Lücken und Widersprüche, Halbheiten und Unklarheiten" geworden ist. Ähnlich scharf wird Neumeyer[12]), derdie Artikel 7—31 EGBGB als ein „bedauerliches Denkmal gesetzgeberischer Unkunst" mit dem Ergebnis „zänkischer und

---

1) a. a. O., S. 42 f.
2) a. a. O., S. 9.
3) IPR, a. a. O., S. 34.
4) IPR, a. a. O., S. 45.
5) IPR, a. a. O., S. 6.
6) Allgemeine Lehren, a. a. O., S. 122, 124.
7) a. a. O., Recueil 1936, S. 407, 409.
8) a. a. O., S. 17.
9) Rev. hell. 1948, S. 329 f.
10) Schweiz. Jb., a. a. O., 1948, S. 72.
11) a. a. O., I 300.
12) IPR, a. a. O., S. 7.

kurzsichtiger Bevorzugung inländischer Interessen" hinstellt und allseitige Kollisionsnormen als allein richtig bezeichnet[1]).

Diese kurze Übersicht zeigt, wie wenig die Gedanken von Schnell und Niedner gläubige Sinne gefunden haben. Viel mehr als eine wohlwollende Kenntnisnahme ist ihnen nicht zuteil geworden. Ob mit Recht, wird noch zu untersuchen sein.

Eine Stellungnahme zum Erfolg der Systeme von Zitelmann und Frankenstein ist nicht nötig, weil deren Denkgebäude für das hier zu behandelnde Thema nichts hergeben. Dies ist kein Werturteil. Es wäre auch ein hybrides Unterfangen, zwei große Systeme in gedrängter Form zu würdigen. Beide haben ein Echo gefunden, das — in Buchstaben gefaßt — eine Bibliothek wohl zu füllen vermöchte. Niemand zweifelt, daß Zitelmann und Frankenstein in Sternstunden der Wissenschaftsgeschichte gedacht und gearbeitet haben. Ihre Arbeit mit Nietzsche ein „schönes Umsonst" zu nennen, wäre unrecht, eine Apotheose indes nicht recht. Aus dem Kreis der weiteren Betrachtungen können beide ausscheiden.

2. Teil:

Neue Lehren gegen das geltende System

Der im 1. Teil gegebene Überblick über Aufkommen und Erfolg von Systemen einseitiger Kollisionsnormen legt die Vermutung nahe, daß solche Systeme, nachdem ihnen Erfolg nicht beschieden ist, in einen vieljährigen Dornröschenschlaf der Vergessenheit fallen. Tatsächlich fand sich auch lange Zeit kein Ritter, der das Gestrüpp zum vergessenen Gebiet durchstoßen hätte. In jüngster Zeit wurden indes besonders in Frankreich (Niboyet) und Amerika (Sohn) Stimmen laut, die reichen Gewinn von einer Rück- oder Hinkehr zu einem System einseitiger Normen erhoffen und sich dafür einsetzen. Nach dem Kriege fanden sich — auf eigenen Wegen — der Exilrusse Pilenko und der Franzose Vivier dazu.

Die folgende Darstellung weicht etwas von der zeitlichen Erscheinungsfolge dieser Lehren ab, weil sich dies für eine Einführung empfiehlt.

A. Philonenko

Maximilien Philonenko hat 1935 eine Arbeit „La Théorie du Renvoi en Droit Comparé" veröffentlicht, in der manche Formulierung den Anschein erweckt, als vertrete er ein System ausschließlich einseitiger Kollisionsnormen. Dieser Schein trügt. Allerdings wird das Verständnis seiner an Hand einer kritischen Analyse italienischer internationalprivat-

---

1) a. a. O., S. 8.

rechtlicher Entscheidungen entwickelten Lehre durch die häufig nicht leicht durchsichtige Darstellung erschwert.

Nach Philonenko wird das IPR von zwei Grundsätzen beherrscht: der Souveränität der einzelnen Staaten und der Achtung vor der Persönlichkeit des einzelnen Menschen[1]). Aus dem Wesen des IPR als eines Souveränitätenkonfliktes folgert er, daß ein Recht, welches sich nicht als anwendbar anbiete, nicht angewandt werden könne; denn eine solche Anwendung sei lediglich die Beachtung eines „Gesetzesanscheins", ihr fehle insbesondere jeder unmittelbare oder mittelbare Verwirklichungszwang[2]). So gehe es z. B. nicht an, daß, wenn in England alle Fragen des Erbfalles nach dem Rechte am letzten Wohnsitz des Erblassers zu entscheiden seien, der englische Richter auch dann, wenn der Erblasser zuletzt seinen Wohnsitz in Italien gehabt habe, dieses italienische Wohnsitzrecht ohne Rücksicht auf die Vorschriften des italienischen Rechts anwende[3]). Demgegenüber sei die Maßgeblichkeit der lex rei sitae für das Sachenrecht aber in Ordnung, weil sie dem Souveränitätsargument und den tatsächlichen Herrschaftsverhältnissen entspreche[4]). Philonenko würde mithin bei sachenrechtlichen Anknüpfungen gegen allseitige Kollisionsnormen nichts einzuwenden haben, wobei allerdings dann, wenn sich alle Staaten zum Grundsatz der lex rei sitae bekennen, praktisch gleichgültig wäre, ob die Entscheidung von ein- oder allseitigen Normen ausginge. Ob er für andere als sachenrechtliche Anknüpfungen dagegen einseitige Kollisionsnormen (und nur diese) befürwortet oder aber ein System weitestgehender Anerkennung von Rück- und Weiterverweisung, läßt sich seinen Ausführungen nicht klar entnehmen. Beide Möglichkeiten würden dem theoretischen Kern seiner Überlegungen zu entsprechen vermögen. Da Philonenko indes ein lückenloses System der kollisionsrechtlichen Fälle nicht vorstellt, vielmehr allgemein bei dogmatischen Grundfragen verbleibt, kann und soll sein Gedankengebäude hier nicht weiter erschlossen werden. Mit dem Kern seiner Ausführungen (IPR als Souveränitätenkonflikt) wird sich die Auseinandersetzung mit den Vertretern einseitiger Kollisionsnormen im einzelnen noch befassen[5]).

B. Rundstein

Der etwas später als die Arbeit von Philonenko erschienene Aufsatz über die Struktur des IPR von S. Rundstein, damals Rechtsanwalt in Warschau, weist seinen Verfasser als einen Vorläufer der modernen Vertreter einseitiger Kollisionsnormen (insbesondere Pilenkos) aus, deren systematische Klarheit und Gründlichkeit er aber nicht erreicht.

---

1) a. a. O., S. 59, 64 f., 73 f., und bes. 174.
2) a. a. O., S. 14, 17.
3) a. a. O., S. 70.
4) a. a. O., S. 66.
5) Vgl. dazu unten S. 90—94.

Zunächst erscheint ihm die Trennung von Sach- und Kollisionsnormen als künstlich. Sachregel und Anwendungsregel seien vielmehr, sagt Rundstein, „organiquement liées)“. Allseitige Kollisionsnormen seien „Usurpation“ und nicht einmal als gedachte Verwirklichung der „impératifs latents de l'ordre international“ zu rechtfertigen[2]). Zu glauben, daß z. B. italienische allseitige Kollisionsnormen englische Rechtsanwendungsregeln dirigieren könnten, stelle einen augenfälligen Irrtum dar[3]). Rechtsanwendungsregeln, die Rundstein „règles spatiales[4])“ nennt, müßten „strictement territoriales“ sein, um die jedem Staat eingeräumte Kompetenz nicht zu überschreiten[5]). Rundstein steht mit diesen Überlegungen auf dem Boden einseitiger Kollisionsnormen, obwohl er an anderer Stelle seines Aufsatzes[6]) die Struktur des Renvoi begründet, zu dem an sich nur gelangen kann, wer von allseitigen Kollisionsnormen ausgeht. Praktische Einzellösungen oder gar ein abgerundetes System bietet Rundstein nicht. Für ihn steht vielmehr der dogmatische Grund des IPR im Vordergrund seines Interesses. Allerdings verkennt er nicht, daß einseitige Kollisionsnormen nicht in der Lage sein können, (positive oder negative) Konflikte zu lösen[7]). Für den Fall des positiven Konfliktes lehnt er die Anwendung der lex fori als Ausweg ab, weil dadurch keine verwirklichungsfähigen Ergebnisse zu erzielen seien[8]). Wie er sich die Lösung des negativen Konfliktes und die Funktion der einseitigen Kollisionsnorm im einzelnen denkt, ist nicht festzustellen. Allgemein scheint er die Anwendung fremden Rechts als eine Art Inkorporation ad hoc anzusehen[9]). Aber damit sind gewiß zumindest nicht die Fälle des positiven und negativen Konfliktes auf der Grundlage einseitiger Kollisionsnormen zu lösen.

Im ganzen wird man Rundstein sicher zu den Vertretern einseitiger Kollisionsnormen zählen müssen. Da er aber praktische Folgerungen aus seiner Lehre nicht zieht und in seiner dogmatischen Einstellung (Souveränitätsargument, Inkorporation) über die noch zu behandelnden Vertreter einseitiger Normen, die jeweils ein ausgeprägtes System unterbreiten, nicht hinausgeht, erübrigt sich eine besondere Auseinandersetzung mit Rundstein. Seine Gedanken werden im Rahmen der Stellungnahme zu Niboyet, Pilenko, Sohn und Vivier mit aufgegriffen.

C. Niboyet

Jean-Paulin Niboyet, der vor wenigen Jahren verstorbene langjährige Dekan der juristischen Fakultät in Paris, hat ein System ein-

1) a. a. O., S. 332.
2) a. a. O., S. 326, vgl. auch S. 536.
3) a. a. O., S. 335.
4) genau wie Pilenko, vgl. unten S. 25.
5) a. a. O., S. 336.
6) a. a. O., S. 527—529.
7) a. a. O., S. 337.
8) a. a. O., S. 346.
9) a. a. O., S. 336 und bes. S. 347—349.

seitiger Kollisionsnormen jedenfalls de lege ferenda verfochten. Zunächst soll diese Lehre nachgezeichnet und im Anschluß daran von dem Einfluß berichtet werden, den Niboyet mit seinen Ideen auf die französischen Reformarbeiten auf iprechtlichem Gebiet gefunden hat.

I. Seine Lehre

Niboyet hält das IPR für eine juristische Technik, die die rechtliche Regelung internationaler Beziehungen vornimmt[1]). Eine solche Regelung, die heute, sagt Niboyet, unbestreitbar staatlichen Quellen entspringe[2]), müsse gerecht für die beteiligten Staaten und zugleich billig und vernünftig für die betroffenen Menschen sein. Alle rechtlichen Schwierigkeiten auf dem Wege zu diesem Ziele seien auf die zwischen den Staaten bestehenden Grenzen zurückzuführen[3]). Nach dieser Zielsetzung prüft Niboyet die bisher eingeschlagenen Wege. Als Unding erscheint ihm, in einem Streit zwischen einem Belgier und einem Amerikaner französisches Kollisionsrecht anzuwenden[4]), das insbesondere zu der ebenfalls abzulehnenden Folge führen könne, daß ein Recht angewandt werde, welches nicht angewandt sein wolle[5]). Frankreich z. B. könne nur die Anwendbarkeit eigenen Rechts festsetzen. Weiter zu gehen verstoße gegen die ausländische Souveränität, wie schon ein Blick auf die Lösung des ähnlich liegenden Staatsangehörigkeitsproblems ergebe[6]). Darum seien (de lege ferenda) einseitige Kollisionsnormen als „plus exact" vorzuziehen[7]).

Niboyet wendet sich dann den Einzellösungen zu, insbesondere den Fällen mehrerer anwendbaren Rechtsordnungen und keiner anwendbaren Rechtsordnung (positiver und negativer Konflikt), die nach seiner Meinung erst dann zu lösen sind, wenn französisches Recht keine Anwendung findet.

Ist französisches Recht anwendbar, ist der Fall danach zu entscheiden. Sieht die französische einseitige Kollisionsnorm die Anwendung eigenen Rechts nicht vor, ist aber — auf Grund entsprechender ausländischer einseitiger Kollisionsnormen — ausschließlich ein ausländisches Recht anwendbar, so ist dies anzuwenden. Eine Ausnahme gilt dann, wenn sich dieses ausländische Recht ohne hinreichenden Grund für zuständig erklärt (Sperrwirkung des französischen ordre public)[8]).

Im Falle eines negativen Konfliktes — den Niboyet mit Blick auf das Staatsangehörigkeitsrecht „rapport de droit apatride" nennt — sei, so fordert Niboyet, zur Vermeidung der Rechtsverweigerung französisches (lex fori-) Recht anzuwenden[9]); da die Anwendung ausländischen

---

1) Cours, a. a. O., S. 1. 2) Cours, S. 55, u. Traité, III S. 243 f.
3) Cours, a. a. O., S. 1. 4) Cours, S. 349.
5) deutlich Cours, S. 351, 476, und Traité, III S. 260 f. (de lege lata).
6) Cours, S. 350, und Traité, III S. 247 f. (Vorbehalt wegen des Vergleiches mit der Staatsangehörigkeit aber S. 258.)
7) Cours, S. 352, und Traité, III S. 243 f., 259.
8) Traité, III S. 248 f.
9) Cours, S. 352, 482, und Traité, III S. 252 f.

Rechtes eigentlich ein Opfer für den Staat bedeutet[1]) und sicherlich als Ausnahme vom Grundsatz der Territorialität allen Rechtes aufzufassen sei, verstehe sich der negative Konflikt als ein Ausfall der Ausnahme und somit als Rückkehr zum Grundsatz der Anwendung französischen Rechts. Einzige Voraussetzung dafür sei „un certain intérêt français à appliquer notre loi[2])". Sei dies nicht festzustellen, könne französisches Recht allerdings nicht angewendet werden. Niboyet sagt nicht, was dann zu geschehen hat. Er hält diesen Fall aber für reine Theorie, weil stets bei einem Prozeß in Frankreich ein Interesse an der Anwendung französischen Rechts bestehe. Diese Überlegung soll nicht weiter verfolgt werden, sie ist m. E. fragwürdig. Welches französische Interesse an der Anwendung französischen Rechts besteht z. B., wenn zwei Verwandte X und Y, die zwei nicht anwendbaren Rechtsordnungen zugehören (Recht A weist auf lex patriae, Recht B auf lex domicilii; X ist Staatsangehöriger in B und hat seinen Wohnsitz in A), auf einer Urlaubsreise in Paris etwa aus Anlaß eines zwischen ihnen geschlossenen Geschäfts über die Geschäftsfähigkeit des X streiten? Sollte nicht die von Niboyet angeführte Angst vor der möglichen Rechtsverweigerung in solchem Falle eher zu Recht A oder B als zum französischen Recht führen[3])?

Für Fälle des positiven Konfliktes empfiehlt Niboyet[4]) eine „empirische" Lösung und schlägt die Anwendung desjenigen Rechts vor, das sich dem eigenen am meisten nähere. Diese Lösung sei vielleicht nicht „rationelle", aber eine müsse man eben finden. Niboyet würde zugeben müssen, daß dieser Vorschlag in den Fällen in denen das ausländische Recht nicht nur dem französischen Kollisionsrecht nahekommt, sondern ihm entspricht, auf die Ausdehnung der französischen einseitigen zur allseitigen Kollisionsnorm hinausläuft[5]).

Sein so gestaltetes System, so würdigt Niboyet seine Gedanken, vermeide die „gewaltigen Nachteile" des Systems allseitiger Kollisionsnormen[6]). Worin diese praktisch zu sehen sind, gibt er nicht an. Hinsichtlich der Qualifikation scheint sich Niboyet folgerichtig für die Qualifikation nach der jeweils geprüften Rechtsordnung zu entscheiden[7]); er fügt aber hinzu[8]), daß die Qualifikationsschwierigkeiten nicht zu beheben seien, da sie vor jeder Konfliktsfrage aufkommen könnten. Schließlich wendet sich Niboyet noch gegen die Vertreter allseitiger Kollisionsnormen, die den Renvoi als Hilfe anböten[9]). Vom Renvoi verspricht sich Niboyet jedoch keine durchgreifende Behebung der Schwierigkeiten. Zwar räumt er ein[10]),

---

1) Cours, S. 482, und Traité, III S. 253 (Allgemeines S. 200—204).
2) Cours, S. 483.
3) vgl. zum negativen Konflikt ausführlich unten S. 57—60.
4) Cours, S. 352, und ausführlich Traité, III S. 257—259.
5) So jedenfalls in aller Regel. Ausnahmen sind allerdings denkbar, vgl. dazu unten S. 71.
6) Cours, S. 443. 7) Cours, S. 455 f. 8) Cours, S. 453.
9) Cours, S. 478. 10) Cours, S. 480

daß für diesen praktische Vorteile sprächen, wenn er zur Erleichterung der Vollstreckung führe, leider sei dies aber nicht stets der Fall.

II. Sein Einfluß auf die französischen Reformarbeiten im IPR

Der Verlauf der französischen Reformarbeiten im IPR kann hier nur verfolgt werden, soweit er die Frage ein- oder allseitige Kollisionsnormen berührt.

Die Reformbestrebungen in Frankreich gehen auf die Zeit vor Ausbruch des 2. Weltkrieges zurück. Damals[1]) schlug das Comité français de droit international privé — es handelt sich um eine auch heute bestehende private Vereinigung — dem Ministerpräsidenten vor, Art. 3 code civil neu zu fassen. Erst nach dem Kriege wurden die Reformarbeiten auf einer breiteren und praktischen Grundlage fortgesetzt. 1945 nahm eine dem Justizministerium angeschlossene Kommission zur Reform des gesamten code civil unter dem Vorsitz von Julliot de la Morandière die Beratungen auf. Diese setzte eine Unterkommission unter dem Präsidium von Lyon-Caen und mit den Mitgliedern Niboyet, Latournerie, Houin und Mallet (Sekretär) für die Beratungen des IPR ein. Diese begannen am 4. 11. 1948[2]). Am 10. 1. 1949 legte die Unterkommission der Hauptkommission einen Entwurf zum IPR vor[3]). Zum besseren Verständnis wird der Gang der Arbeiten hier in drei Abschnitten verfolgt.

1. Vorentwurf Niboyet

Den Beratungen der Unterkommission lag ein von Niboyet ausgearbeiteter Vorentwurf zugrunde. Er umfaßte 101 Artikel[4]) und stellte eine umfassende Bearbeitung aller in französischer Sicht mit dem IPR zusammenhängenden Fragen auf der Grundlage der von Niboyet de lege ferenda empfohlenen einseitigen Kollisionsnormen dar[5]). Hier interessieren lediglich Art. 20 und 21 dieses Vorentwurfes. Sie lauten[6]):

Art. 20: Les règles édictées dans le présent chapitre ne déterminent que les cas de compétence française.

La compétence d'un pays étranger ne peut résulter que des dispositions qui sont en vigueur dans ce pays.

Art. 21: Lorsqu'au cours d'un procès qui se déroule en France, ni la France ni aucun pays étranger ne réclament la compétence pour leur pays, le droit français doit néanmoins être appliqué en vue de donner une solution au litige.

---

1) Makarov, a. a. O., Wolff-Festschr. S. 247 f.
2) Travaux, IV 732.
3) Travaux, IV 851, Makarov, a. a. O., S. 249, Pilenko, a. a. O., Etude II, S. 11, 26 f.
4) abgedruckt in Travaux, IV 711—731.
5) Makarov, a. a. O., S. 251, Pilenko, a. a. O., Etude I 7 f., Etude II 4 f.
6) Travaux, IV 716.

Art. 20 legt die Grundregel fest, Art. 21 gibt die Lösung für den negativen Konflikt. Für die Fälle des positiven Konflikts sieht der Vorentwurf eine Lösung nicht vor.

2. Unterkommission

Am 2. Dezember 1948 kommen die beiden Bestimmungen in der Unterkommission zur Beratung[1]). Der Entwurf von Niboyet wird insbesondere von Houin bekämpft[2]). Die Diskussion ist so kurz, daß sie hier in wenigen Strichen nachgezeichnet werden kann: Houin beginnt und lobt an den einseitigen Kollisionsnormen die „logique rigoureuse", meldet aber wegen der nur schwer lösbaren positiven und negativen Konflikte Bedenken an. Latournerie stützt Niboyet, lobt ebenfalls die Logik seines Systems und hält dieses für aufgeschlossener im Hinblick auf ein künftig von einer internationalen Organisation auszuarbeitendes überstaatliches IPR. Houin behauptet, daß nur dann zwischen der klassischen Auffassung und der von Niboyet ein Unterschied bestehe, wenn das Recht, auf das die französische allseitige Kollisionsnorm verweise, nicht angewandt werden wolle: Nach klassischer französischer Lehre sei dann französisches Recht subsidiär anzuwenden, nach Niboyet dagegen unter anderen Rechtsordnungen nach einem anwendbaren Recht zu suchen. Houin schlägt darum eine von ihm noch abzusetzende Kompromißfassung vor, gegen die sich Niboyet nicht von vornherein verwahrt. Am 10. 12. 1948 legt Houin seinen Vorschlag vor[3]). Er lautete[4]):

Art. 23: Les dispositions du présent chapitre déterminent le domaine d'application de la loi française.

Art. 24: Elles déterminent, également, les cas dans lesquels une loi étrangère est applicable.

Toutefois, si cette loi ne se reconnaît pas compétente, il doit être fait application de toute autre loi étrangère qui se reconnaît compétente et, à défaut, de la loi française.

Dieser Kompromißvorschlag wurde von der Unterkommission sofort angenommen[5]). Immerhin opfert diese Fassung zum Teil die Grundauffassung von Niboyet[6]).

---

[1]) Travaux, IV 759 f.

[2]) Travaux, IV 759 f., dazu Pilenko, Etude II 27—29, Makarov, a. a. O., S. 253.

[3]) Travaux, IV 765.

[4]) Travaux, IV 765 u. 856.

[5]) Travaux, IV 766.

[6]) Vgl. dazu Pilenko, Etude II, S. 27—29.

3. Hauptkommission

Am 8. 11. 1949 beriet dann die Hauptkommission die Vorlage der Unterkommission[1]). Die Hauptkommission zählte zu ihren Mitgliedern: Julliot de la Morandière, Präsident (am 8. 11. 1949 abwesend), Lyon-Caen, Charpentier (am 8. 11. 1949 abwesend), Mazeaud, Niboyet, Ancel, Jousselin, de Lapanouse, als Sekretäre Mallet und Verrier. Die Diskussion über die Art. 23 und 24 der Fassung Houin dauerte nicht sehr lange[2]). Sofort nach Eröffnung schlägt Mazeaud die Änderung dieser Artikel auf der Grundlage eines Systems allseitiger Kollisionsnormen vor[3]). Der Meinungsstreit entspinnt sich dann im wesentlichen zwischen Mazeaud und Niboyet. Mazeaud zeigt sich dabei als der führende Kopf, kämpferisch, äußerst schlagfertig und von unerbittlicher Logik, ob er sein eigenes System verficht (nur Sachnormverweisung) oder das System von Niboyet angreift. Die Auseinandersetzung geht im wesentlichen, als Mazeauds Vorschlag ausschließlicher Sachnormverweisung keinen Anklang findet, um den Renvoi, der in der Sache zugelassen, aber nicht so bezeichnet werden soll. Die Hauptkommission gelangt schließlich zu einer völligen Neufassung der vorgeschlagenen Artikel 23 und 24. Diese erhalten die Nummern 20[4]) und 21. Sie lauten[5]):

Art. 20: Les dispositions du présent chapitre déterminent les domaines respectifs d'application de la loi française et de la loi étrangère.

Art. 21: Toutefois, si la loi étrangère normalement applicable d'après les régles françaises de conflit ne se reconnaît pas compétente, il doit être fait application de la loi étrangère qu'elle désigne et qui se reconnaît compétente ou, à défaut, de la loi française.

Es trifft nicht ganz zu, daß, wie Pilenko sagt[6]), diese Fassung auf de Lapanouse zurückgeht. Der Text von Art. 20 stammt von Mazeaud[7]). Die Fassung von Art. 21 bis „ne se reconnaît pas compétente“ entspricht einem Vorschlag von Lyon-Caen[8]). Die weiteren Worte bis „désigne“ sind zwar von de Lapanouse formuliert worden, der Hauptkampf lag aber auch hier zwischen Niboyet und Mazeaud, so daß de Lapanouse schließlich als „ehrlicher Makler“ deren Auseinandersetzung mit seiner Fassung abfing und auch Zustimmung fand. Die Schlußworte sind wieder von Mazeaud vorgeschlagen. Es bedarf keines Hin-

---

[1]) Travaux, V 525.
[2]) Stenogr. Niederschrift Travaux, V 525—538, vgl. dazu Pilenko, Etude II, 29 f.
[3]) Travaux, V 525.
[4]) nicht 19, wie Makarov a. a. O. S. 253 sagt.
[5]) Travaux, V 547.
[6]) Etude II 29 f.
[7]) Travaux, V 527.
[8]) Travaux, V 533.

weises, daß sich diese Fassung noch weiter von den einseitigen Kollisionsnormen Niboyets entfernt als schon der Vorschlag Houin. Vom Kern der einseitigen Lehre Niboyets ist nur geblieben, daß ein Recht nicht gegen seinen Willen anzuwenden ist. Im übrigen ist die Entstehung des positiven Konfliktes nicht mehr möglich, der negative dagegen durch die Hilfsanwendung französischen Rechts gelöst. Grundlage des Vorschlages sind allseitige Kollisionsnormen. Der Renvoi wird beachtet, aber nicht so bezeichnet.

Die von der Hauptkommission vorgeschlagenen Art. 20 und 21 geben den jüngsten Stand der Reformarbeiten wieder. Sie haben lediglich im Rahmen des Gesamtentwurfes des IPR, den die Reformkommission ausgearbeitet hat, die Nummern 51 und 52 erhalten[1]). Dieser Gesamtentwurf ist vom französischen Komitee für Internationales Privatrecht am 20. und 21. Mai 1955 diskutiert worden. Die Frage, ob die Kollisionsregel ein- oder aber allseitig sein solle, wurde dabei nur äußerst kurz behandelt; die Niederschrift darüber füllt knapp eine Seite[2]). Maury setzte sich mit Rücksicht auf die Belange der Praxis und im Hinblick auf die Entwicklung in Frankreich und im Ausland für allseitige Kollisionsnormen ein[3]). Unter den 28 Teilnehmern an diesem Teil der Diskussion fand sich niemand, der für einseitige Kollisionsnormen eine Lanze gebrochen hätte. Die Mehrheit sprach sich wohl dahin aus, Art. 51 ersatzlos zu streichen, da er in Art. 52 enthalten sei[4]). Zu Art. 52 wurden einige neue Vorschläge über das Ausmaß des Renvoi vorgetragen, die aber alle den Renvoi im Grundsatz anerkannten[5]). Am 21. Mai 1955 beschloß dann das IPR-Komitee mit 13 gegen 6 Stimmen, den vorgelegten IPR-Entwurf mit den angenommenen Änderungen als Grundlage für die weitere Arbeit zu empfehlen[6]).

D. Lerebours - Pigeonnière

Lerebours-Pigeonnière wird hier erwähnt, da ihn französisches Schrifttum gelegentlich[7]) zusammen mit Niboyet erwähnt. Niboyet weist auch selbst[8]) auf die Übereinstimmung mit Lerebours-Pigeonnière hin. Die Stellung des letzteren zum Problem ein- oder allseitige Kollisionsnormen ist nicht leicht durchsichtig, da er sich offenbar von eindeutigen Formulierungen zurückhält. Er geht davon aus, daß das IPR nicht Souveränitätenkonflikte löse, sondern im Rahmen des internationalen Verkehrs „conflits d'intérêts"[9]). Angelpunkt seines Verhältnisses zu Niboyet war bisher eine Bemerkung auf Seite 259 f. der 5. Auflage

---

1) Text in: Comité français, a. a. O., (Codification), S. 22.
2) Comité français, a. a. O., S. 119.
3) Comité français, a. a. O., S. 105 u. 119.
4) Comité français, a. a. O., S. 118 f.
5) Comité français, a. a. O., S. 120—133 (Diskussion) und S. 290 (Resolution).
6) Comité français, a. a. O., S. 281 u. 298 f.
7) deutlich Savatier, a. a. O., Cours, S. 177.
8) a. a. O., Cours, S. 481, früher schon in Traité, a. a. O., Bd. III, S. 243[1].
9) Précis, a. a. O., S. 213.

seines Lehrbuches, wo er sagte, daß er im allgemeinen mit Niboyet einig sei, daß dessen Einseitigkeit der Kollisionsnormen aber die „réalité“ nicht ganz ausdrücke. Von dieser Anlehnung an Niboyet ist Lerebours-Pigeonnière in der jetzigen (6.) Auflage seines Werkes abgekehrt (Seite 216 f.), ohne daß er allerdings in der Sache selbst die Meinung in der Vorauflage ganz aufgibt. Zwischen Verweisungen auf eigenes und fremdes Recht (letztere sei möglich) besteht nach Lerebours-Pigeonnière der Unterschied, daß der Hinweis auf eigenes Recht „définitif“, während die Verweisung auf fremdes Recht „conditionelle“ sei, weil die Anwendung ausländischen Rechts z. B. davon abhänge, ob es angewandt sein wolle oder ob der französische ordre public eingreife. Die Verweisung auf ausländisches Recht „n'est en un certain sense qu'une offre“[1]). Aufschlußreich sind ferner seine Ausführungen[2]), mit denen er die Regelung des code civil lobt: Der Gesetzgeber habe — vielleicht unbewußt — klug gehandelt, für das Personalstatut und unbewegliche Güter nur die Anwendung französischen Rechts vorzusehen, statt diese Regel auf alle Rechte auszudehnen. Die durch die Rechtsprechung vorgenommene Generalisierung, fährt er fort, sei aber zu billigen, indes einzuschränken auf solche Fälle, in denen fremdes Recht mit dem französischen ordre public vereinbar sei und die ausländische Anknüpfung der französischen entspreche. Löst man von dieser Darstellung die etwas weiche und nicht ganz durchsichtige Formulierung behutsam ab, so wird man heute Lerebours-Pigeonnière in der Sache nur mit Vorbehalten zu den Vertretern des Systems einseitiger Kollisionsnormen zählen können. Da er jedoch eine etwa über Niboyet hinausgehende Begründung nicht vorträgt, kann die Auseinandersetzung mit Lerebours-Pigeonnière in dem kurzen Hinweis auf sein System ihr Ende finden.

E. Pilenko

I. Vorbemerkung

Alexandre Pilenko war früher Professor in St. Petersburg. Seine Arbeiten[3]) können das russische Blut des Verfassers nicht verleugnen. Sie sind trotz aller — häufig kämpferischen — Eleganz des Stils und trotz der unerbittlichen Logik des Gedankenganges in ihrer Anlage und Tiefsinnigkeit nicht immer leicht durchsichtig und erschließen sich an kritischen Stellen erst der zweiten oder gar dritten Lesung.

Pilenko nennt seine beiden hier zu behandelnden Studien methodologische Beiträge. Man geht nicht fehl, wenn man sie als Vorarbeiten für ein neues umwälzendes System des IPR auf der Grundlage einseitiger

[1]) S. 217. [2]) S. 217.

[3]) Außer in den hier genannten Etude I und Etude II hat er seine Gedanken schon in einem 1916 in 2. Aufl. und russischer Sprache erschienenen Lehrbuch über das IPR niedergelegt. Eine neue Arbeit steht zur Veröffentlichung an.

Normen wertet[1]), für das der Verfasser nach seinen Worten zunächst nicht viel mehr als das geistige Gerippe geben kann[2]).

Eine saubere methodische Grundlage für das IPR und die Ausscheidung einer Reihe von Problemen, die nur einer verfehlten Methode wegen die fragwürdige Berühmtheit letztlicher Unlösbarkeit gewonnen haben, bilden das Anliegen der bestechend gewandt und gedankenreich geschriebenen zwei Studien, die als Grundlage der folgenden Darstellung dienen sollen.

II. Terminologie

Pilenko verändert die heute gängigen Bezeichnungen der iprechtlichen Normen. Er nennt die einseitigen Normen einwertig (monolavent) und die allseitigen mehr- oder allwertig (polyvalent)[3]). Beide Gruppen hält er für begriffsverschieden: Einwertige Normen seien ausschließlich zur Bestimmung eigenen Rechts bestimmt und darum untauglich als Kollisionsnormen, deren Aufgabe erst beginne, wenn mindestens zwei Rechte Anwendung heischten. Demgegenüber könne die mehrwertige Norm von Natur aus nichts anderes als Kollisionsnorm sein. Die Möglichkeit, daß beide Normen Abschichtungen entweder einer allgemeinen Kollisionsnorm oder voneinander sind, verneint Pilenko[4]). Um die begriffliche Verschiedenheit der Normen durch Namen zu festigen, nennt er die Gesamtheit der mehrwertigen Normen Kollisionsnormen und die Gesamtheit der einwertigen Normen „normes spatiales" oder „droit spatial"[5]). Eine einzige Berührungsebene der Normgruppen gibt Pilenko an: Die Umbildung einwertiger in mehrwertige Normen — ein Verfahren der Generalisierung — und umgekehrt — ein Verfahren der Konkretisierung —[6]).

III. These

Die im einzelnen noch darzulegenden Gedanken Pilenkos greifen gewiß tief in das iprechtliche Gefüge ein, so wie es heute ganz überwiegend gelehrt und gehandhabt wird. Sie sind jedoch zugleich für ein grundlegend neues Bild des IPR wissenschaftlich bescheiden und beschränken alle Umwälzung strikt auf das notwendige und gebotene Maß. Auf einen knappen Nenner gebracht, lautet die These Pilenkos so: Das droit spatial (System

[1]) Vgl. Etude I, S. 1, den Vorspruch von Ago. Ende März 1956 hat der Tod Pilenko die Feder aus der Hand genommen.

[2]) Et. I 4.

[3]) Et. I 1. Im Sprachgebrauch, nicht in der Sache selbst, steht ihm Verplaetse (a. a. O., S. 152—157) nahe, der bei allseitigen Kollisionsnormen von „Ambivalencia" spricht.

[4]) Et. I 1.

[5]) Eine richtige und zugleich glückliche Übersetzung ist mir nicht eingefallen. Das Wort „Raumrecht" würde den Gedanken Pilenkos nicht voll gerecht, weil es entgegen seinem Anliegen die Betonung in Richtung auf ein territorialistisches System verschieben würde. Der Ausdruck „Spatialrecht" wird darum beibehalten.

[6]) Et. I 1, Et. I 22, wo Pilenko darauf verzichtet, den logischen Hergang zu erläutern, u. Et. II 4.

einseitiger Normen) ist notwendig allein und stets als selbständige Disziplin die Grundlage für das Kollisionsrecht (System allseitiger Normen)[1]). Oder methodisch ausgedrückt: Das droit spatial, ausgeschieden aus der Begriffswelt des IPR, zwingt das IPR in die Schranken des ihm zukommenden Herrschaftsraumes zurück und entlastet es so von Problemen, die ihm nicht zugewiesen sind und die es daher auch nicht zu lösen vermag. Zwar ist diese These bei Pilenko das Ergebnis im wesentlichen induktiver Untersuchungen; als gedanklicher roter Faden wird seine Nennung an dieser einleitenden Stelle aber nicht ohne Wert für das Verständnis der folgenden Darlegungen sein. Diese werden sich nacheinander mit der Begründung des droit spatial (IV), seiner Ausgestaltung (V) und seiner praktischen Rechtfertigung (V) durch Pilenko befassen. Aus stilistischen Gründen wird die Darstellung dabei meist unmittelbar gehalten.

IV. Die Begründung des droit spatial[2])

Jede Rechtsnorm besteht aus drei Elementen: Materieller Kern, Raum und Zeit. Diese Elemente sind einander ebenbürtig. Sie sind es ständig und überall. Daran vermag der Umstand nichts zu ändern, daß Gründe der Redaktionstechnik die Elemente Raum und Zeit meist nicht in jede einzelne Norm besonders aufnehmen, sondern gleichsam ausklammern und an einer anderen Stelle zusammenfassen, sei es innerhalb, sei es außerhalb des Gesetzes, das die materielle Norm enthält. Folglich gehört das Element Raum demselben Rechtsgebiet an wie der zugehörige materielle Normkern, z. B. dem bürgerlichen Recht. Gleiche Eigenschaften fordern gleiche Behandlung. Wie den materiellen Normkern setzt der Gesetzgeber auch den räumlichen Teil fest. Dazu ist nur er berufen, nie ein ausländischer Gesetzgeber. Dieser wiederum ist ausschließlich berufen, seine Normen mit den drei Elementen aufzustellen. Ist aber die unteilbare Norm und ihr Schicksal nur Angelegenheit eines Gesetzgebers, dann kann sie im Ausland auch nur ungeteilt behandelt, nämlich abgelehnt oder angenommen werden. Annahme oder Ablehnung nur eines Teiles einer Norm in einem anderen Lande ist nicht Anwendung dieser Norm, sondern deren Verletzung. Daraus folgt: Keine Norm kann angewandt werden, die nach dem ihr zugehörigen räumlichen Anwendbarkeitselement nicht angewandt werden soll. Ein System des sogenannten IPR muß sich — von Ausnahmen zunächst abgesehen — damit begnügen, für Sachverhalte mit Auslandsbeziehung entweder die Anwendung eigenen Rechts festzusetzen oder die Anwendung fremden Rechts — nämlich eines solchen, das für den Sachverhalt eigene Anwendung vorsieht — offen zu lassen.

Für die Richtigkeit dieser Ableitung des Spatialrechts aus der Normstruktur selbst glaubt Pilenko, sich auf Savigny berufen zu können.

1) Et. I 2, 22.
2) Et. I 4—7.

Nach diesem seien, führt Pilenko aus[1]), zwei voneinander vollkommen verschiedene Fragen zu trennen:

a) Wer von einem gegebenen Gesetz ausgeht und die unter dieses Gesetz fallenden Sachverhalte zu erfassen sucht, wird zur einseitigen iprechtlichen Norm geführt, weil dieser Weg dem internen Recht verhaftet bleibt. Das System, das aus dieser Methode folgt, ist das Spatialrecht.

b) Wer dagegen von einem Lebenssachverhalt ausgeht und eine Rechtsordnung sucht, die diesen Sachverhalt rechtlich zu erfassen bestimmt ist, stößt mit Gewißheit das Tor zum Reich der allseitigen Kollisionsnormen auf, weil er ohne Übergang zum Kollisionsrecht gelangt.

Pilenko glaubt, daß als Grundlage für das IPR nur der zu a) gezeichnete Weg richtig sei. Die Linie seiner Darlegung rechtfertigt aber wohl die Annahme, daß er das Schema zu b) weder widerlegen kann noch will. Nur ist für ihn dieser zweite Weg zu spät angesetzt, er beginnt nicht bei der Wurzel der zwischenstaatlichen Problematik. Zum Beweis dafür überlegt Pilenko wie folgt[2]): Ein Gesetzeskonflikt entsteht — zwar nicht stets, aber — nur dann, wenn zuvor mindestens zwei Rechte für denselben Sachverhalt eine Anwendbarkeitsbestimmung für das eigene Recht in der Form getroffen haben, daß jeweils beide zugleich den Sachverhalt zu regeln oder nicht zu regeln wünschen. Folglich geht jedem Konflikt die ausschließlich internrechtliche räumliche Beherrschung eines bestimmten Sachverhaltes voraus. Diese aber ist das Spatialrecht. Ob der Staat A einen Sachverhalt X erfaßt, ist seinen räumlichen Anwendungsnormen zu entnehmen, zunächst völlig unabhängig davon, ob für die Regelung dieses Sachverhaltes auch eine fremde Rechtsordnung in Frage kommen kann oder nicht. Spatialrecht kann mithin — braucht aber nicht stets — zu Kollisionsrecht führen. Kollisionsrecht ist aber nur denkbar, wenn mindestens zwei Spatialrechte vorausgehen. Damit ist nach Pilenko der Nachweis geführt, daß Spatialrecht die Grundlage des Kollisionsrechts ist und daß es unabhängig vom Kollisionsrecht und in größerem Maße als dieses eigene Existenzberechtigung mit eigenen Grundsätzen und Methoden hat.

V. Gestaltung des droit spatial

Die Darstellung gilt zunächst dem Ziel des Spatialrechts (droit spatial als selbständiges Rechtsgebiet) und dann seinen Grenzen (Verhältnis von droit spatial und Kollisionsrecht).

1. Droit spatial als selbständiges Rechtsgebiet.

Infolge seiner Beschränkung auf einseitige Rechtsanwendungsnormen ist das Spatialrecht nicht bestimmt noch geeignet, Gesetzeskonflikte zu lösen.

---

1) Et. I 6.
2) Et. I 2 f.

Wären alle Sachverhalte mit Auslandsberührung wirkliche Konfliktsfälle, müßte dem Spatialrecht zwangsläufig ein Eigendasein von Wert verschlossen bleiben. Pilenko meint jedoch[1]), daß Fälle fehlenden Konfliktes die Zahl der wirklichen Konflikte weit übertreffen. Für alle diese Fälle fehlenden Konfliktes aber bietet Pilenko das Spatialrecht als angemessenes Lösungsprinzip an. Das Spatialrecht löst mithin keine Konflikte, es beugt ihrer Entstehung vor. Ein Beispiel[2]): Ein Franzose mit Wohnsitz in Paris möchte eine Italienerin mit Wohnsitz in Florenz heiraten. Forum sei ein französisches Gericht. Die sachlichen Voraussetzungen für die Eheschließung richten sich für die Franzosen nach französischem materiellen Recht. So ordnet es französisches Spatialrecht an. Keine andere Rechtsordnung meldet insoweit einen Herrschaftsanspruch an. Ein Gesetzeskonflikt entsteht nicht. Für Kollisionsrecht ist kein Raum. Entsprechendes gilt für die italienische Braut[3]). Italienisches Spatialrecht verfügt hinsichtlich der materiellen Voraussetzungen für die Eheschließung auf der Seite der Braut die Anwendung materiellen italienischen Rechts. Ein Konflikt ist auch hier ausgeschlossen. Französisches und italienisches Spatialrecht haben den „Fall" abschließend an materielles Recht „verwiesen" und so Regeln des Kollisionsrechts von der Anwendung ausgeschieden. Mit dem Kollisionsrecht aber bleiben alle ihm eigentümlichen Probleme ohne Beachtung. Auf der anderen Seite haben französisches und italienisches Spatialrecht zu keiner Schwierigkeit geführt.

Drückt man die Lösung des Falles allgemein aus, so ergibt sich: Führen die einseitigen Rechtsanwendungsnormen einer Rechtsordnung eine iprechtliche Frage abschließend der Lösung durch eigenes materielles Recht zu, entsteht ein Problem des Kollisionsrechts nicht.

Als Fälle fehlenden Konfliktes hat Pilenko damit bisher folgende erfaßt:

a) Die Rechtsordnung des Forums erklärt sich für zuständig; keine andere Rechtsordnung ist zuständig.
b) Die Rechtsordnung des Forums erklärt sich nicht für zuständig; eine einzige ausländische Rechtsordnung erklärt sich für zuständig.

Das jeweils zuständige Recht wird angewandt.

Den — heute nur teilweise noch — bestehenden Schwierigkeiten bei der Feststellung, ob sich eine ausländische Rechtsordnung für zuständig erklärt, begegnet Pilenko mit dem Hinweis, daß die Feststellung ausländischer einseitiger Normen ähnlich wie die Feststellung ausländischen materiellen Rechts zu erfolgen habe[4]).

Zu den Fällen des fehlenden Konfliktes zählt Pilenko auch den sogenannten negativen Konflikt[5]). Beispiel: Der Bräutigam aus dem vorigen

---

1) Et. I 16 f.
2) Et. I 16 f.
3) Et. I 18.
4) Et. I 19.
5) Et. I 20.

Beispiel sei Engländer mit Wohnsitz in Paris. Der französische Richter sei zur Entscheidung gerufen. Sein Spatialrecht sieht die Anwendung französischen materiellen Rechts nur für Franzosen vor, englisches Spatialrecht die Anwendung englischen materiellen Rechts aber nur für Personen mit Wohnsitz in England. Der Richter stellt ein „vacuum juridique" fest. Von einem Konflikt kann nach Pilenko so wenig die Rede sein, wie man einen Frieden als negativen Krieg bezeichnen könne[1]). Vielmehr habe der Richter in allen Fällen das vacuum juridique durch eine „compétence française supplétive" auszufüllen[2]).

2. Verhältnis von droit spatial und Kollisionsrecht.

Wirkliche Gesetzeskonflikte — rivalisierende Herrschaftsansprüche von mindestens zwei Rechtsordnungen — sind nach Pilenko zweifach möglich, einmal zwischen dem Spatialrecht des Forums und einem ausländischen Spatialrecht, zum anderen zwischen zwei ausländischen Spatialrechten.

a) Der Bräutigam im bisherigen Beispiel sei Franzose mit Wohnsitz in Schottland. Der französische Richter entscheidet. Französisches Spatialrecht (qua Recht der Staatsangehörigkeit) und das schottische Spatialrecht (qua Wohnsitzrecht) melden Herrschaftsansprüche über die materiellen Voraussetzungen der Eheschließung an. Ein wirklicher Gesetzeskonflikt! Allein, dieser ist für Pilenko nicht beachtlich, weil das französische Spatialrecht ohne Rücksicht auf fremdes Recht die Anwendung eigenen materiellen Rechts gebietet. In diesem Falle beugt französisches Recht zwar nicht dem Konflikt vor, wohl aber der Notwendigkeit, sich mit ihm zu befassen[3]). Daraus folgt als Regel: Sieht das Spatialrecht des Forums die Anwendung eigenen Rechts vor, so ist dieses unabhängig von den Bestimmungen irgendeiner anderen Rechtsordnung anzuwenden.

b) In Frankreich ist zu entscheiden über die Geschäftsfähigkeit eines Belgiers mit Wohnsitz (im englischen Sinne) in England. Französisches Spatialrecht sieht die Anwendung eigenen Rechts nicht vor. Belgisches Spatialrecht wendet belgisches materielles Recht auf alle Belgier gleich welchen Wohnsitzes an. Englisches Spatialrecht ordnet die Anwendung englischen materiellen Rechts auf alle Personen mit Wohnsitz in England gleich welcher Staatsangehörigkeit an. Dies ist für Pilenko der klassische Fall des positiven Konfliktes. In Etude I, Seite 21, räumt er für alle diese Fälle ein, daß sie spatialrechtlich nicht zu lösen seien. Positive Konflikte zwischen ausländischen Rechtsordnungen seien — solange sie nicht völkerrechtlichen Verträgen zu unterstellen seien, die an sich ausschließlich wirkliche Gesetzeskonflikte zu lösen vermöchten — nach wie vor dem Kollisionsrecht und

---

1) Et. I 20.
2) Et. I 15, 20.
3) Et. I 20.

seinen allseitigen Normen zu überlassen. Pilenko hat diese Formulierung in einem mir zur Verfügung stehenden Vortragsmanuskript abgeschwächt. Dort[1]) bietet er folgende Lösung an: In Fällen des positiven Konfliktes wendet der Richter dasjenige Recht an, dessen zugehöriges Spatialrecht in casu dem Spatialrecht des Forums in den Grundsätzen am nächsten stehe („dont les spatialités sont basées sur des principes les plus proches de ceux qui régissent les spatialités fori"). Im allgemeinen läuft auch diese Formulierung gewiß auf die Anwendung allseitiger Kollisionsnormen hinaus, aber dies ist nicht stets der Fall[2]).

VI. Vorzüge des droit spatial

Mit der Richtigkeit und Möglichkeit seines Systems begnügt sich Pilenko nicht. Erst durch den Beweis seiner Nützlichkeit glaubt er, es überzeugend und abgerundet vorgestellt zu haben. Diese Vorzüge sollen nunmehr zur Sprache kommen. Mit ihnen hofft Pilenko gleichsam, den theoretisch Bedächtigen und Zweifelnden den Schneid ihres dogmatischen Zauderns abzukaufen.

1. Darstellung der Vorzüge

a) Qualifikation

Man trüge Eulen nach Athen, wenn man durch mehr als einen bloßen Hinweis dem Umstand Rechnung tragen wollte, daß die Qualifikationsfrage an schwere Problemketten geschmiedet ist und heute zu den am schärfsten umfochtenen Fragen der an Problemen wahrlich nicht armen iprechtrechtlichen Forschung gehört. Bei dieser Sachlage würde gewiß jeder freudig begrüßt, dessen Lösungsvorschlag ebenso einfach wie überzeugend wäre. Man würde ihm wohl auch kleinere Unebenheiten des theoretischen Standortes nachsehen, sofern sie diesseits der Grenze wissenschaftlicher Konzessionsmöglichkeiten blieben.

Eine solche einfache Lösung legt Pilenko vor. Nach ihm[3]) entfällt das Qualifikationsproblem in vollem Umfange, soweit die Macht des droit spatial reicht. Jedes Spatialrecht bestimmt für sich sein Herrschaftsgebiet und grenzt die Provinzen innerhalb desselben gegeneinander ab. Probleme aus der Verbindung von ausländischem mit inländischem Recht gibt es nicht mehr. Soweit Pilenko auf das Kollisionsrecht mit seinen allseitigen Normen zurückgreift[4]), gibt er zwar nicht an, nach welchem Prinzip Einordnungsfragen zu lösen seien; dies mag aber dahinstehen; denn jedenfalls kann er insoweit nicht in Anspruch nehmen (und tut es wohl auch nicht), daß ein Qualifikationsproblem nicht entstehe.

---

[1]) S. 21.
[2]) Vgl. dazu ausführlich unten S. 70—72.
[3]) Et. I 24, Et. II 8, wo er die Qualifikation durch die h. L. für eine „wahre juristische Ketzerei" erklärt.
[4]) Et. I 21.

b) Renvoi

Ist das Qualifikationsproblem die Scylla des IPR, so wird man dem Renvoi-Problem den Ruf, Charybdis zu sein, nicht vorenthalten können. Ihm galten und gelten in unübersehbarer Zahl die Gedanken der Gelehrten. Die verschiedenen Meinungen aber zählen Legion, und ein versöhnliches Ende ist wohl nicht abzusehen.

Auch hier bietet Pilenko des Rätsels Lösung an: Freund und Feind des Renvoi haben gleichermaßen recht (soweit sie sich widerlegen) und unrecht (soweit sie an die Richtigkeit ihrer eigenen Meinung glauben). Das Spatialrecht bedarf des Renvoi nicht, es vermöchte ihn aber auch nicht anzuerkennen[1]). In ihm stellen sich die Fälle des anerkannten oder zurückgewiesenen Renvoi vielmehr einheitlich wie folgt dar:

Beispiel: Die Geschäftsfähigkeit eines Engländers mit Wohnsitz in Frankreich ist vom französischen Richter zu beurteilen. Weder französisches noch englisches Recht ist anzuwenden. Es liegt ein Fall des rechtlichen Vakuums vor, der französische Richter wendet kraft seiner compétence supplétive französisches Recht an[2]). Hätte der Engländer seinen Wohnsitz in Italien gehabt, ist die Lage spatialrechtlich nicht anders zu beurteilen. Da weder italienisches noch englisches Recht nach den entsprechenden Spatialrechten anzuwenden ist, hilft der französische Richter mit französischem Recht aus. Auf diese Weise werden alle Fälle, die in einem System allseitiger Kollisionsnormen zum Problem der Rückverweisung führen können, einfach gelöst.

c) Ordre public

Einen breiteren Raum gibt Pilenko der Darstellung des ordre public[3]). Selbstverständlich vermag auch das Spatialrecht nicht auf diesen Begriff zu verzichten. Pilenko glaubt aber, ihm eine sauberere Grundlage geben zu können. Er begründet dies wie folgt: Für die h. L. ist der ordre public (op) eine Generalklausel, deren man sich nach Belieben bedient, die rechtlich scharf zu erfassen aber niemand für nötig hält noch vermag[4]). Spatialrechtlich dagegen ist die Definition einfach. Der op ist ein Konflikt zwischen Spatialnorm und Kollisionsnorm, wobei die Kollisionsnorm auf die Anwendung eines ausländischen Rechts weist, während das Spatialrecht die Anwendung eigenen Rechts gebietet. Beispiel: Zu Lebzeiten seiner Frau möchte ein Hindu mohammedanischen Glaubens eine zweite Frau in Paris heiraten. Pilenko argumentiert[5]): Ehefähigkeit und Ehevoraussetzungen bestimmen sich nach Art. 3 Abs. III code civil, der seit ungefähr 1848 als allseitige Kollisionsnorm aufgefaßt wird, nach Hindurecht, das die 2. Ehe billigt. Allein, dieser vom Gesetz vorgeschriebene Weg wird „ex posteriori" wieder beseitigt. Diese Beseitigung wird

---

1) Et. I 14, Anm. 11.
2) Et. I 13—15.
3) Et. I 9—13.
4) Et. I 9.
5) Et. I 10 f.

vom Gesetz unter dem Namen op gerechtfertigt. Der Hindu kann in Paris eine zweite Ehe nicht eingehen. Für Pilenko ist diese Lösungsmethode nicht weit entfernt von einfacher Schiedsrichtertätigkeit[1]). Das Spatialrecht bietet nach ihm demgegenüber eine ebenso saubere wie einfache Lösung: Ist das französische Spatialrecht so weit entwickelt, daß es z. B. die Vorschrift des Inhalts hat, daß die Doppelehe für alle Franzosen gleich welchen Aufenthaltes und für alle in Frankreich heiratenden Personen gleich welcher Herkunft verboten ist, hat der Richter diese Norm lediglich anzuwenden und ohne jede Berufung auf vage op-Vorstellungen die Ehe des Hindu zu untersagen. Ist die französische Spatialnorm noch unentwickelt (spricht sie also nur von Verboten gegenüber Franzosen gleich welchen Aufenthaltes), so ist der gedankliche Weg des Richters nicht wesentlich verschieden. Er hat als „subrogé-legislateur" eine Spatialnorm aufzustellen, wie sie der Gesetzgeber auch aufgestellt haben würde, wenn er diesen „Fall" gesetzlich geregelt hätte. Der Richter käme zu einer Spatialnorm durch Überlegungen, die — so gibt Pilenko zu — den Gedankengängen eines Richters entsprechen, der sich bei Anwendung eines ausländischen Rechts die Frage des op stellt. Der Unterschied zwischen der h. L. und Pilenko besteht darin, daß nach Pilenko der Richter, wenn eine ausdrückliche inländische Spatialnorm nicht zu finden ist, vor Aufsuchung und Anwendung einer ausländischen Spatialnorm stets zunächst prüfen muß, ob nicht mit Rücksicht auf Art oder Erfolg der von ihm gewünschten Tätigkeit eine inländische Hilfsspatialnorm aufzustellen ist. Der Richter gelangt mithin nicht zu ausländischem Recht, wenn der op eingreift. Der op wird damit bei Pilenko zu einer versteckten Spatialnorm oder jedenfalls latenten Quelle für Spatialnormen. Gerade dadurch aber, so meint Pilenko[2]), komme dem Begriff op eine gewaltige Fruchtbarkeit zu.

Abschließend sei erwähnt, daß Pilenko in dem schon erwähnten Vortragsmanuskript die Formulierung des op-Problems etwas geändert hat. Dort[3]) heißt es: Ist eigenes Recht nicht zuständig, wendet der Richter zuständiges ausländisches Recht an, es sei denn, daß der inländische op dies verbietet. Damit gewinnt der op wieder stärker das Wesen eines Ausnahmebegriffes.

2. Ableitung der Vorzüge

Pilenko schreibt es dem Umstand, daß die bisherigen Lehren dem Spatialrecht Eigenberechtigung nicht eingeräumt haben, zu, daß die Probleme der Qualifikation, des Renvoi und des op bestehen[4]). Verkannt habe man insbesondere, daß Spatial- und Kollisionsrecht mit ihren Methoden in Konflikten stehen könnten. Vier solcher Grundkonflikte beschreibt Pilenko:

---

1) Et. I 10.
2) Et. I 11—13.
3) S. 19.
4) Et. I 9.

a) Die allseitige Kollisionsnorm kann zur Anwendung eines Rechtes A zwingen, während die Spatialnorm die Anwendung eigenen Rechts fordert. Aus diesem Konflikt erwächst das op-Problem[1]).

b) Die allseitige Kollisionsnorm kann zur Anwendung eigenen Rechts führen, während die Spatialnorm diese nicht vorsieht. Dieser Konflikt entsteht durch die Annahme des Renvoi[2]).

c) Die allseitige Kollisionsnorm kann zur Anwendung eines Rechtes A führen, dessen Spatialnorm diese Anwendung nicht vorsieht. Fall des zurückgewiesenen Renvoi[3]).

d) Die allseitige Kollisionsnorm entzieht einem Recht A die Anwendbarkeit, obwohl dessen Spatialrecht diese vorsieht[4]). Dieser Fall ist selten. Er trifft sowohl die Rück- und Weiterverweisung als auch den positiven Konflikt und kommt auf, wenn die von der allseitigen Kollisionsnorm in Gang gesetzte Verweisungskette ein Recht nicht enthält, das sich spatialrechtlich für zuständig erklärt, z. B. Verweisung A—B—A, während D spatialrechtlich zuständig ist.

e) Das Qualifikationsproblem rührt nach Pilenko her von der ketzerischen Verbindung ausländischer materieller Normen und inländischer Rechtsanwendbarkeitsnormen[5]).

VII. Zusammenhang und Ausblick

Das System Pilenkos läßt sich unschwer in vier Bestimmungen zusammenfassen. In dem schon erwähnten Vortragsmanuskript hat Pilenko auch selbst diese Artikel formuliert.

Art. 1: Ist das Recht des Forums anzuwenden, wendet es der Richter unabhängig vom Inhalt irgendeines ausländischen Rechtes an.

Art. 2: Ist das Recht des Forums nicht anzuwenden, wendet der Richter dasjenige ausländische Recht an, das sich als einziges für zuständig erklärt, es sei denn, daß der inländische op dieser Anwendung entgegensteht.

Art. 3: Ist das Recht des Forums nicht anzuwenden und findet sich kein zuständiges ausländisches Recht, wendet der Richter eigenes Recht kraft compétence supplétive an.

Art. 4: Ist das Recht des Forums nicht anzuwenden und erklären sich mindestens zwei ausländische Rechte für zuständig, so

a) greift der Richter auf die Regelung durch allseitige Kollisionsnormen zurück[6]),

---

1) Et. I 9.
2) Et. I 13.
3) Et. I 14.
4) Et. I 15.
5) Et. II 8.
6) Et. I 21.

b) wendet der Richter dasjenige Recht an, dessen Spatialrecht in den Grundsätzen dem inländischen Spatialrecht am nächsten steht[1]).

Die Ableitung dieses Systems stellt für Pilenko den Beweis der Selbständigkeit des droit spatial dar. Es verdrängt weithin das System allseitiger Kollisionsnormen. Schon dieses Ergebnis, meint Pilenko, sei begrüßenswert, da allseitige Normen rechtlich nur von Bestand und Wert seien, wenn sie durch Staatenkonvention vereinbart würden[2]), dagegen seien einseitig durch nur einen Staat gesetzte „allseitige" Kollisionsnormen von fragwürdigem Wert, da sie einem Diktat gleichkämen[3]).

Im ganzen glaubt Pilenko nicht[4]), daß selbst ein hochentwickeltes spatialrechtliches System ganz auf das System allseitiger Kollisionsnormen verzichten könne. Das Kollisionsrecht sei aber auf die Entscheidung positiver Konflikte zu beschränken. Da Konfliktsfälle an Zahl den Fällen fehlenden Konfliktes nachständen, sei es für diese Mehrheit der Fälle nicht nur zweckmäßig, die richterliche Arbeit zu erleichtern, sondern sogar geboten[5]).

Pilenko setzt sich noch mit einer letzten Schwierigkeit auseinander, nämlich dem möglichen Nebeneinander von Spatial- und Kollisionsrecht. Den Luxus von zwei ausgebildeten Systemen, meint er[6]), könne sich wohl keine Rechtsordnung erlauben, er sei aber auch nicht nötig. Denn durch ein von Pilenko nicht näher erläutertes Verfahren können aus Spatialnormen durch Generalisierung Kollisionsnormen und aus Kollisionsnormen durch Konkretisierung Spatialnormen gewonnen werden. Für den Gesetzgeber entsteht nur die Frage, von welchem Normtyp er im Grundsatz ausgehen soll. Pilenko zögert, das eine oder andere Verfahren als das bessere hinzustellen[7]). Er begnügt sich damit, auf einige Beweispunkte für den Vorzug des spatialrechtlichen Systems als Grundsystem hinzuweisen[8]).

Abschließend meint Pilenko versöhnlich, daß sein System nicht etwa den Todesstoß für das IPR bedeute. Vielmehr[9]) sei das Spatialrecht nur als Zwischenstufe der Entwicklung des „wahren" (Pilenko würde ergänzen müssen: völkerrechtlichen) IPR zu denken. Der Weg zu diesem Endziel sei lang, aber klar vorgezeichnet: Entwicklung der Spatialrechte in allen Staaten, Rechtsvergleichung zwischen den Spatialrechten, ihre stufenweise Annäherung und endlich Bildung eines völkerrechtlichen IPR auf der Grundlage der vereinheitlichten Spatialrechte.

---

1) Manuskr. S. 21.
2) Et. II 25, 39.
3) Et. II 25, 31, 39.
4) Et. I 21.
5) Et. I 21.
6) Et. I 22 f.
7) Et. I 23.
8) Et. I 23—25.
9) Et. I 25 f.

VIII. Anhang: Stellungnahme zum französischen Reformentwurf

Die bisherige Darstellung hat gezeigt, in welchem Maße die Gedanken Pilenkos das herkömmliche Begriffsgebäude des IPR auf neue Fundamente stellen. Es ist daher verständlich, daß Pilenko mit besonderen Erwartungen die Arbeit der französischen Kommissionen für die Reform des IPR verfolgt hat. Verständlich ist auch, daß einem Gefühl wissenschaftlicher Befriedigung schon sehr bald Enttäuschung und wohl auch Verärgerung gefolgt sind[1]). Pilenko glaubt, daß der Vorentwurf von Niboyet weder von diesem energisch genug vertreten noch von den Kommissionen selbst eindringlich genug beraten worden sei[2]). Niboyet habe[3]) jede kämpferische Energie vermissen lassen und möglicherweise nicht einmal die bedeutende Tragweite seines Entwurfs richtig gesehen. Er habe sich seine Aufgabe insbesondere dadurch zu einfach gemacht, daß er alle Diskussionspunkte in der Reihenfolge des Inhaltsverzeichnisses seines Lehrbuches aufgestellt habe[4]). Auf diese Weise habe die Arbeit der Kommission von Anfang an an einem Mangel methodischer Klarheit und Zielstrebigkeit gekrankt; denn die Aufgaben eines Pädagogen und des Gesetzgebers seien so wesensverschieden, daß eine Vermengung der Methoden zwangsläufig unfruchtbare Ergebnisse nach sich ziehen müsse[5]). Das praktische Ergebnis der Kommissionsarbeiten[6]) zeige, wie wenig die bisherigen Schwierigkeiten und Schwächen im IPR überwunden worden seien. Nach eingehenden Erörterungen der Einzelheiten hält Pilenko eine erneute Beratung des Entwurfs für unerläßlich. Diese muß[7]) nach Pilenko von Niboyets Vorentwurf ausgehen und die spatialrechtliche Methode folgerichtig anwenden, andererseits aber alle Probleme des wirklichen Kollisionsrechts außerhalb jeder Kodifizierung lassen, weil insoweit zunächst Wissenschaft und Rechtsprechung erst noch das für die Kodifizierung unreife Gebiet zu klären haben.

F. Vivier

Unabhängig von Pilenko und etwas später hat der Franzose Gérard Vivier zum Strukturproblem der Konfliktsregel Stellung genommen. Dieser Anwalt am Berufungsgericht in Nancy ist im Gegensatz zu Pilenko vornehmlich Praktiker. Theoretische Fragestellungen interessieren ihn weniger als wissenschaftliches Anliegen als im Hinblick auf die

1) Etude II ist ausschließlich der Stellungnahme zum französischen IPR-Entwurf gewidmet; sie kann hier nur in ihrem Grundzug gekennzeichnet werden.

2) Et. II 4, 6.

3) Et. II 5.

4) Et. II 12.

5) Et. II 14, 17, 31.

6) Et. II 26—30.

7) Et. II 38 f.

8) Weder Pilenko kannte die Arbeit von Vivier noch deutet der Aufsatz des letzteren darauf hin, daß er die Studien Pilenkos gelesen hat.

Lösungen, zu denen sie führen. Der Überblick über seine Gedankengänge kann nach der ausführlicheren Einführung in das System Pilenkos gedrängter gehalten werden. Vivier behält die herkömmliche Terminologie bei. Ihr folgt auch diese Darstellung.

I. Der methodisch-dogmatische Standort

Vivier hält die Diskussion um Strukturprobleme der Konfliktsregel für unvermindert aktuell[1]). Eine auf wachsende Internationalisierung ausgerichtete Entwicklung bestärkt ihn in der Hoffnung, daß die Konfliktsysteme einer gewissen Harmonisierung entgegengehen. Im Hinblick auf dieses Ziel scheint ihm die einseitige Kollisionsnorm zu befriedigenderen Lösungen zu führen als die allseitige. Ähnlich Pilenko ist er der Auffassung, daß dieses Problem weit über den Rahmen redaktioneller Technik hinausgehe und von jedem eine grundsätzliche Stellungnahme fordere[2]).

Hinsichtlich der grundsätzlichen Herleitung und Begriffsbestimmung des IPR begnügt sich Vivier unter Berufung auf Schnell und Niedner mit dem Vermerk, daß logisch zu einem System von einseitigen Rechtsanwendungsnormen gelangen müsse, wer der IPR als Grenzrecht ansehe, weil jeder Gesetzgeber nur den Anwendungsbereich der eigenen Normen bestimmen könne[3]). Es scheint mithin, daß Vivier die Überlegungen von Schnell und Niedner billigt[4]). Als Praktiker verliert er darüber aber nicht viel Worte.

II. Das Verhältnis von ein- und allseitigen Kollisionsnormen

1. Struktur

Ähnlich Pilenko meint Vivier, daß sich die allseitige Kollisionsnorm ihrem Wesen nach auf die Regelung von Konfliktsfällen beschränke, während die einseitige Norm ausschließlich die Anwendung eigenen Rechts vorsehe[5]). Die Frage der Anwendbarkeit eigenen Rechts sei schon ausgeschieden, wenn die Kollisionsregel ihre Tätigkeit beginne. Einseitige Normen seien Bestandteil der materiellen Norm, deren Anwendungsbereich sie bestimmten; Kollisionsrecht dagegen müsse einen anderen Standort haben, da es Konflikte zwischen materiellen Rechten zu lösen bestimmt sei[6]). Ein- und allseitige Kollisionsnormen seien darum strukturell verschieden. Bleibe man in einem System einseitiger Normen, so könne auch das Staatsangehörigkeitsrecht in das IPR einbezogen werden; denn dessen Normen entsprächen den einseitigen[7]).

---

1) Rev. crit., a. a. O., 1954/90.
2) 53/659, 662; 54/90.
3) 53/656, 661.
4) Vgl. 53/661.
5) 53/660.
6) 53/660 Anm. 1.
7) 53/661.

2. Zweck

Vivier stellt ein- und allseitige Kollisionsnormen unter Prämissen und leitet daraus ihre Zwecke ab[1]). So bezeichnet er als Prämisse der einseitigen Norm, daß IPR Souveränitätskonflikte löse. Daraus folge, daß keine materielle Norm gegen den erklärten oder erschließbaren Willen des entsprechenden Gesetzgebers angewandt werden dürfe. Dieses Ergebnis sei nur von einem System einseitiger Normen erreichbar, das man am besten Grenzrecht nenne. Für ein System allseitiger Kollisionsnormen müsse die Prämisse anders lauten, weil es sich dann nur darum handeln könne, Streitigkeiten mit Auslandsberührung angemessen zu entscheiden. Ein solcher Versuch führe notwendig zum Lösungsvorschlag des Italieners Ago: Internationales Privatrecht sei nämlich dann ein besonderes Teilgebiet der inländischen Rechtsordnung, das für bestimmte Rechtsverhältnisse mit Auslandsberührung ebenso gewisse Normen (des In- oder Auslandes) vorsehe wie z. B. das Handelsrecht für charakteristische Rechtsfragen des Handelslebens. Eine solche Auffassung verlange die „absolute Zweiseitigkeit", verlasse aber zugleich den „ordre international", weil ihr Streben nicht mehr auf Abgrenzung der gesetzgeberischen Zuständigkeit der einzelnen Staaten gerichtet sei; schon darum lasse sich auch nicht mehr von Kollisionsrecht sprechen.

3. Einzellösungen

Vivier läßt im Unterschied zu Pilenko die unkritischen Fälle fort, nämlich: a) die einseitige Norm des Forums ordnet die Anwendung eigenen Rechts an; b) nur eine ausländische Rechtsordnung ordnet die Anwendung eigenen Rechtes an.

Er befaßt sich lediglich mit den Konfliktsfällen.

a) Negativer Gesetzeskonflikt

Beispiel: Die Geschäftsfähigkeit eines Engländers mit Wohnsitz in Frankreich ist vom französischen Richter zu prüfen. Vivier zeigt folgerichtig, daß weder englisches noch französisches Recht anzuwenden ist. Er schlägt, um einen „déni de justice" zu vermeiden, die Anwendung französischen Rechts vor[2]).

b) Positiver Gesetzeskonflikt

Beispiel: Die Geschäftsfähigkeit eines Belgiers mit Wohnsitz in England ist vom französischen Richter zu beurteilen. Auch hier zeigt Vivier folgerichtig den positiven Konflikt zwischen belgischem und englischem Recht auf. Er nimmt dazu folgende Stellung ein: Wahrscheinlich werde der französische Richter das Recht anwenden, das im Falle einer allseitigen französischen Kollisionsnorm auch anzuwenden sei. Vivier „baut" m. a. W. in allen Fällen des positiven Konfliktes zwischen zwei ausländi-

---

[1]) 53/661.
[2]) 53/670.

schen Rechtsordnungen[1]) die einseitige zur allseitigen Kollisionsnorm aus. Allgemein[2]) läßt er aber in Fällen des positiven Konfliktes kraft des inländischen ordre public eine Einschränkung zu: Sei ein ausländischer Herrschaftsanspruch „tellement artificielle“, so bleibe er vom positiven Konflikt ausgeschlossen. Auf diese Weise verringert Vivier die Zahl der positiven Konflikte, indem er ungewöhnliche Anknüpfungen nicht beachtet.

III. Die Kritik an allseitigen Kollisionsnormen

Da für ein System allseitiger Kollisionsnormen, so überlegt Vivier[3]), die Normteile, die auf Anwendung inländischen oder ausländischen Rechtes weisen, gleichrangig seien, fordere die Logik, daß beide Seiten auch gleichermaßen den „caractère impératif, définitif und générale“ aufwiesen. Die Wirklichkeit sei jedoch anders.

1. Caractère imperatif[4])

Vivier meint, daß französisches — insbesondere zwingendes — Recht vom Richter von Amts wegen angewandt werde; dies sei für ausländisches Recht jedenfalls bisher in der Regel nicht der Fall.

2. Caractère définitif[5])

Hierzu sagt Vivier, daß, während eigenes Recht stets unverzüglich angewandt werde, der unverzüglichen Anwendung ausländischen Rechts häufig die Rückverweisung[6]) oder die Weiterverweisung[7]) entgegenstehe.

3. Caratère générale[8])

Unter diesem Stichwort weist Vivier darauf hin, daß die französische Praxis nach Schwankungen heute in der Frage der Anerkennung ausländischer Urteile und Akte vom ausländischen IPR ausgehe[9]); mithin sei das französische IPR in seinen allseitigen Kollisionsnormen insofern nicht générale, als es nicht jeden iprechtlichen Fall löse, sondern u. U. ausländisches IPR von Beginn an heranziehe.

Die Kritik zu 1—3 dient Vivier zu dem Nachweis, daß das geltende (französische) System der allseitigen Kollisionsnormen im Rahmen des Normteiles, der auf die Anwendung ausländischen Rechts weise, so erheb-

---

1) Denn nach seiner Grundauffassung kann eigenes Recht am positiven Konflikt nicht beteiligt sein, weil es vor jeder Konfliktsentstehung angewandt werde.
2) 53/671.
3) 53 663 f.
4) 53/665.
5) 53/667—675.
6) 53/668 f.
7) 53/668 f.
8) 54/73—77.
9) 54/75.

lichen Einschränkungen unterliege (wenn man ihn mit dem auf eigenes Recht weisenden Normteil vergleiche), daß es durch diese Abstriche weitgehend in die Nähe eines nur einseitigen Systems gerückt werde. Unter solchen Umständen werde aber ein System allseitiger Kollisionsnormen in sich fragwürdig[1]).

IV. Die Entscheidung zwischen ein- oder allseitigen Kollisionsnormen

Als ein Ergebnis rein praktischer Vernunft stellt sich die Endeinstellung von Vivier zu den von ihm aufgeworfenen Fragen dar. Danach wiegen die Nachteile des Systems allseitiger Kollisionsnormen schwer[2]). Auf der anderen Seite sieht Vivier die Schwächen eines einseitigen Systems, vor allem in den Fällen des positiven Konfliktes[3]). Die Lösung dieses Konfliktes durch Sohn[4]) spricht Vivier zwar als verführerisch an, im ganzen erscheint ihm aber deren Brauchbarkeit im Hinblick auf die außergewöhnliche Arbeitslast für den Richter als durchaus zweifelhaft[5]). Nach allem hält Vivier darum ein System allseitiger Kollisionsnormen für „plus aisé[6])". Der Praktiker, sagt Vivier, für den das Souveränitätsargument durchaus im Hintergrund des Interesses stehe, bedürfe unmißverständlicher Anweisungen; darum stehe jenseits aller Dogmatik der praktische Vorzug des Systems allseitiger Kollisionsnormen, dem wohl auch der französische Entwurf für das IPR Rechnung getragen habe[7]).

G. Sohn

Louis B. Sohn ist Rechtsanwalt in den Vereinigten Staaten. Noch mehr als Vivier ist sein Augenmerk auf praktische Lösungen gerichtet. Hinzu kommt, daß er völlig unbeschwert von kontinentaler Rechtstradition an die Fragen des IPR herantritt. An der Vielzahl theoretischer Probleme zeigt er sich uninteressiert. Seine Arbeit über neue Grundlagen für die Lösung iprechtlicher Fragen[8]) geht zwar zeitlich den Studien von Pilenko und Vivier vorauf, ihrer Kürze und Beschränkung auf wenige Punkte wegen empfiehlt es sich jedoch, sie als letzte darzustellen.

---

1) 53/663 f., 54/79.
2) 54/81.
3) 54/83.
4) vgl. unten S. 40—42.
5) 54/86.
6) 54/86.
7) 54/87; 53/663 gibt Vivier allerdings der Hoffnung Ausdruck, daß die Reformarbeiten zur Anerkennung der einseitigen Kollisionsnorm führen möchten; im Rahmen der Diskussion des französischen IPR-Komitees über den neuen IPR-Entwurf im Mai 1955 hat sich Vivier aus praktischen Gründen dafür ausgesprochen, daß die Kollisionsregel allseitig sein solle, vgl. Comité Français, a. a. O. (Codification), S. 119.
8) a. a. O., S. 978—1004.

I. Das internationalprivatrechtliche Anliegen

Nach Sohn ist das IPR mit zwei Fragen befaßt[1]), nämlich ob nach einer ausländischen Rechtsordnung ein right, duty oder status begründet worden sei, auf die sich eine Partei berufe, und ob — bejahendenfalls — dieses ausländische Recht im Gerichtsstaate durchsetzbar sei. Jeder neue Lösungsvorschlag zu dieser Frage müsse, so fordert Sohn, auf rationale und international jederzeit und überall annehmbare Grundsätze gestellt werden. Ziel seiner Ausführungen sei[2]), die Gedanken von Schnell und Niedner, „two eminent German jurists", zu beleben.

II. Kritik an allseitigen Kollisionsnormen

Ein System allseitiger Kollisionsnormen kommt in den Augen Sohns[3]) einem bellum omnium contra omnes deswegen gleich, weil es den Versuch darstelle, alle innerhalb einer Gruppe denkbaren Konflikte auf der Erde durch eine bestimmte Kollisionsnorm zu lösen. Der Ehrgeiz solcher Kollisionsnormen, international zu sein, werde nicht erfüllt, meint Sohn, weil die Anerkennung von Entscheidungen nur in Ländern erreichbar sei, die entsprechende Kollisionsnormsysteme hätten. Zwar sei der Renvoi ein nicht ungeeignetes Mittel, diesem Ergebnis häufig die praktische Spitze zu nehmen, aber er erfülle seine Aufgabe nur[4]), wenn die in casu in Betracht zu ziehenden Staaten nicht dasselbe Renvoi-System kennten.

III. Rechtfertigung einseitiger Kollisionsnormen

1. Vorzüge

Ein System einseitiger Normen sei nicht, sagt Sohn, auf Konfliktslösungen zwischen allen möglichen Staaten bedacht, sondern wirke sich stets nur im Einzelfall aus. Die Möglichkeit eines Entscheidungseinklangs sei darum ungleich größer[5]). Die Parallele zum Staatsangehörigkeitsrecht zeige, daß ein solches System einseitiger Normen richtig und zweckmäßig sei[6]). Dessen wesentlichster Vorzug sei aber der völlige Wegfall des leidigen Qualitätsproblems[7]).

2. Lösung der Konfliktsfälle

a) Allgemein und im Unterschied zu Pilenko und Vivier hält Sohn in Fällen von Gesetzeskonflikten zwischen zwei ausländischen Rechten die lex fori für ungeeignet, den Einzelfall zu lösen[8]). Selbst wenn

---

1) 978.
2) 980 Anm. 9.
3) 982.
4) 984.
5) 983.
6) 983.
7) 987.
8) 994.

die lex fori einem der beteiligten ausländischen Rechte (in der einseitigen Kollisionsnorm) ähnlich sei, fährt Sohn fort, rechtfertige diese Zufälligkeit nicht ihre Intervention. Die Lösung müsse vielmehr zwischen den Rechtsordnungen gesucht werden, die in Konflikt geraten seien[1]). Da alle Rechte im Grundsatz gleichwertig seien, müsse ein Kompromiß gefunden werden, der allen Rechten „its due share" zuteil werden lasse.

b) Aus den Fällen positiver Konflikte scheidet Sohn zunächst alle aus, an denen die lex fori beteiligt ist. In solchen Fällen muß nach Sohn stets inländisches Recht angewandt werden, weil die Anwendung ausländischen Rechts erst in Betracht komme, wenn die lex fori einen Herrschaftsanspruch nicht stelle[2]). Für die verbleibenden Konflikte zwischen mindestens zwei ausländischen Rechten schlägt Sohn als „due share" eine „cumulation of connecting factors" vor[3]).

Ein Beispiel von ihm[4]): Anknüpfungsmoment für die Testierfähigkeit ist im Staate A die Staatsangehörigkeit und im Staate B der Wohnsitz des Testators. Der Erblasser ist Staatsangehöriger von A und hat seinen Wohnsitz in B. Im Staate C schwebt ein Rechtsstreit. Zwischen A und B besteht ein positiver Konflikt. Zur Lösung führt Sohn ein neues (allgemein bekanntes und in anderen Rechtsordnungen für die Testierfähigkeit vielleicht auch verwandtes) Anknüpfungsmerkmal ein, nämlich den Errichtungsort, und wendet z. B. Recht B an, wenn der Erblasser dort sein Testament abgefaßt hatte. Ist das Testament jedoch im Staate D errichtet worden, zieht Sohn ein weiteres subsidiäres (ebenfalls in anderen Saaten vielleicht anwendbares) Merkmal heran, nämlich den Belegenheitsort des Vermögens. Ist die Quelle subsidiärer Merkmale versiegt, hält Sohn noch zwei Möglichkeiten offen: Der Richter „leiht" sich aus einer anderen Kollisionsnorm (des In- oder Auslandes) ein Anknüpfungsmerkmal oder er „leiht" sich dasjenige materielle Recht zur Entscheidung aus, das der Mehrzahl anderer etwa durch die hilfsweise schon angezogenen Anknüpfungsmerkmale mit dem Fall verbundenen Rechtsordnungen entspricht. Sohn erwägt stattdessen auch[5]) die Heranziehung des IPR (genauer wohl: der einseitigen

---

1) 995.

2) 999.

3) Nicht zu verwechseln mit der „kombinierten Anknüpfung", die Braga (a. a. O. Gleichberechtigung S. 268) vorschlägt. Braga geht von allseitigen Kollisionsnormen eines Staates aus und sucht mit Rücksicht auf die Gleichberechtigung von Mann und Frau nach der jeweils besten Anknüpfung. Er bemüht sich mithin um nationale Anknüpfungsmomente, nicht dagegen — wie Sohn — um die Lösung des positiven internationalen Konfliktes. In Wahrheit knüpft Braga auch nicht „kombiniert" an. Er setzt lediglich von Fall zu Fall an die Stelle von abgelehnten Anknüpfungsmerkmalen (im Einzelfall z. B. Staatsangehörigkeit oder Wohnsitz), ein anderes Merkmal, das nicht gegen die Gleichberechtigung verstößt (im Einzelfall z. B. gemeinsamer Wohnsitz oder letzter gemeinsamer Aufenthaltsort). Man spricht hier vielleicht besser von „Stufen-, Sukzessiv- oder Reserveanknüpfung". Jedenfalls geht es Braga um etwas anderes als Sohn (anderer Auffassung ist Neuhaus in ZAIP 20 [1955], S. 597—600 [598[4]]).

4) 997.

5) 998.

Erbrechtsnorm) eines der kraft subsidiärer Anknüpfung gewonnenen Rechte oder sogar unmittelbar eines dieser materiellen Rechte; im ersteren Falle gelangt er zu einer ganz neuen Anknüpfung (natürlich nur, wenn, was Sohn aber nicht ausführt, diese einseitige Norm Anwendung eigenen Rechts gebietet; tut sie dies nicht, bleibt der Konflikt ungelöst, Sohn würde sich nach anderen Rechten umsehen müssen), im letzteren Falle will er das ausgewählte materielle Recht mit den materiellen Rechten der im Konflikt befindlichen Rechtsordnungen vergleichen und unter den letzteren dasjenige anwenden, mit dem das im dritten Lande ausgewählte Recht die größere Übereinstimmung zeigt.

Erst wenn der Richter keine Lösungsmöglichkeit finden sollte (man wird ergänzen dürfen: auch wenn er den Mut zur weiteren Suche verliert), darf er die lex fori anwenden[1]).

Diese Lösung durch Häufung der Anknüpfungsmerkmale entspricht nach Sohn der Rechtslage bei mehreren Staatsangehörigkeiten[2]).

c) Mit Fällen des negativen Konflikts setzt sich Sohn nicht auseinander. Er begnügt sich mit dem Hinweis, daß die Häufung der Anknüpfungsmerkmale auch negative Konflikte zu lösen helfe[3]).

Als einen praktischen Vorzug seiner Methode sieht Sohn die Möglichkeit, daß die Entscheidung wenigstens in einem der beteiligten Staaten anerkannt und vollstreckt werden könne.

3. Teil:

Stellungnahme zu den Lehren von der einseitigen Kollisionsnorm als Grundlage des IPR

A. Vorbemerkung

Im Schrifttum ist, wie die bisherige Darstellung gezeigt hat, die Zustimmung zu einseitigen Kollisionsnormen weit ausführlicher gehalten als deren Ablehnung, die sich regelmäßig auf wenige — oft reichlich apodiktische — Sätze beschränkt. Die Vorschläge von Pilenko und Vivier haben bisher, soweit ersichtlich, kaum ein Echo gefunden[4]).

Eine Arbeit, die sich einer vergleichenden Darstellung und Würdigung jener Stimmen widmet, die sich zugunsten einseitiger Kollisionsnormen

---

1) 998. 2) 998. 3) 996.

4) Battifol a. a. O. Traité S. 295 weist auf Pilenko, Sohn und Vivier hin, Makarov a. a. O. Revue critique S. 432 und Raape a. a. O. IPR S. 343[1] erwähnen Pilenko, jedoch ohne besondere Stellungnahme. Lediglich Neuhaus ist in seiner — nach Abschluß der vorliegenden Arbeit erschienenen — Besprechung von Pilenko (Etude I) etwas näher auf Pilenko eingegangen (ZAIP 20 [1955], S. 597—600).

erhoben haben, muß ihr Augenmerk vornehmlich auf zwei Übel richten, die es zu vermeiden gilt. Sie darf sich nicht verzetteln und dadurch die große Linie verlieren. Sie darf aber andererseits auch nicht den vorhandenen Schwierigkeiten aus dem Wege gehen, um nicht aus Nachgiebigkeit und Trägheit ein nur „tönernes Erz“ zu bleiben.

Die vorliegende Arbeit ist darum bemüht, alle Kerngedanken der Vertreter einseitiger Kollisionsnormen durchzudenken und zu würdigen. Sie wird dagegen Rahmendarlegungen und obiter dicta aus dem Kreis der Betrachtungen ausscheiden.

Die Stellungnahme behandelt zunächst die praktische Ausgestaltung der einzelnen Lehren und setzt sich dann mit deren allgemeinen theoretischen Grundlagen auseinander.

Das System von Pilenko wird als das am stärksten ausgereifte und ergiebigste an die Spitze gestellt.

B. Stellungnahme zur Praktikabilität der Systeme einseitiger Kollisionsnormen

I. Pilenko

1. Vorbemerkung

Bei Pilenko gilt es in besonderem Maße, die große Linie seiner Gedanken festzuhalten. Auf verhältnismäßig engem Raum legt er eine Fülle von Ideen vor. Der Versuch, sein Werk zu würdigen, geschieht nicht ohne Hemmung. Ihm wird man wohl am besten dadurch gerecht, daß man auf alle kleinlichen Angriffe gegen solche Einzelheiten verzichtet, die weder das System im ganzen stützen wollen noch stören können. Es entspricht daher dem Plan dieser Arbeit, wenn z. B. — um ein Stichwort zu vermerken — die Zerlegung einer Norm durch Pilenko in substance, espace und temps nicht im einzelnen als zu eng angegriffen wird, weil sie z. B. die Aufgliederung nach Religions-, Volks- oder Kastenzugehörigkeit, Ständerecht u. a. unberücksichtigt läßt. Erst recht werden schiefe Formulierungen oder Bilder oder nicht wesentliche Definitionen oder vereinzelte unsachliche Bemerkungen nicht näher berührt. Schließlich kann im Rahmen dieser Arbeit auch die Frage offen bleiben, ob die von Pilenko vorgeschlagene Terminologie glücklich ist und das IPR bereichert oder nicht. Wer dem System von Pilenko folgt, wird sie zweifellos begrüßen. Sicher ist die angeregte Terminologie ein vorbildliches Mittel, die Probleme sauber aufzuzeigen. Um die einheitliche Behandlung aller Anhänger der Lehren von der einseitigen Kollisionsnorm auch in den Bezeichnungen zu gewährleisten, werden in den folgenden Ausführungen im wesentlichen die herkömmlichen Begriffe beibehalten. Darin liegt indes kein Werturteil.

2. Würdigung der von Pilenko behaupteten praktischen Vorzüge

a) Qualifikation

Nach Pilenko führt das droit spatial, soweit es herrscht, zum Wegfall des Qualifikationsproblems. Soweit Pilenko dagegen genötigt ist, auf die h. L. zurückzugreifen (positive Konflikte), muß er folglich auch die dieser vorgeworfenen Qualifikationsschwierigkeiten in Kauf nehmen.

Abgesehen von positiven Konflikten scheint es dagegen auf den ersten Blick kein Qualifikationsproblem zu geben. Dies räumen auch mehrere Schriftsteller ein[1]). Da Qualifikationsschwierigkeiten die Folge nebeneinander bestehender materieller Rechtsordnungen, bezogen auf ein Kollisionsrecht, sind, scheint es einzuleuchten, daß ein System mit nur einseitigen Normen den Inhalt dieser Verweisungsbegriffe ausschließlich von den Sachnormen erhält, auf die verwiesen wird. Dies liegt jedenfalls zunächst nahe.

Denkbar ist jedoch auch, selbst bei einseitigen Kollisionsnormen die Frage, was z. B. unter die ausländische einseitige Kollisionsnorm x fällt, mit Hilfe der lex fori zu beantworten. Der Einwand, damit werde der Boden streng einseitiger Rechtsanwendung verlassen, verfinge nicht. Denn man würde eben diese Qualifikation vorgenommen haben kraft einer ebenfalls einseitigen (inländischen) Norm des Inhalts, daß Systemunterschiede zwischen ausländischem materiellen Recht und ausländischen einseitigen Kollisionsnormen bei Verfahren im Inland von der lex fori zu überwinden sind. Einer solchen Qualifikationsnorm würde die Auffassung zugrunde liegen, daß ausländische Kollisions- und Sachnormbegriffe mit den entsprechenden inländischen übereinstimmen oder doch so behandelt werden müssen, wie wenn sie übereinstimmten. Ob eine solche Auffassung zu tadeln oder zu loben ist, mag zunächst noch dahinstehen. Ein Beispiel: Wir unterstellen: Das Land X wendet eigenes Ehepersonenrecht erst an, wenn der Ehemann im Augenblick der Entscheidung dem Lande X angehört, eigenes Ehegüterrecht dagegen schon dann, wenn er z. Zt. der Eheschließung Staatsangehöriger von X war. Die lex fori (Inland) sieht genau die umgekehrte Regelung vor. In einem Verfahren im Inland verklagt eine Frau ihren Mann, der — von Haus aus Staatsangehöriger von X — mehrere Jahre nach der Eheschließung die Staatsangehörigkeit von Y erworben hat, auf Zahlung eines Prozeßkostenvorschusses. Wir wollen weiter unterstellen: Im Inland „qualifiziert" man den Prozeßkostenvorschuß als Ehepersonenrecht, im Lande X als Ehegüterrecht.

---

[1]) Batiffol a. a. O. Rec. 1948, S. 46; Makarova a. a. O. IPR und Rechtsvergleichung, S. 28[51]; Neuner a. a. O. Der Sinn der iprechtlichen Norm, S. 28; Niederer a. a. O. Qualifikationsfrage, S. 35; von Steiger a. a. O. Bestimmung der Rechtsfrage, S. 69; vgl. auch Wengler a. a. O. Wolff-FSchr., S. 371.

Inländisches Recht ist — die heimischen Normen als einseitige verstanden — nicht anzuwenden, weil der Ehemann nie Staatsangehöriger des Inlands war. Die Frage, ob das Recht von X anzuwenden ist, hängt davon ab, ob der Prozeßkostenvorschuß im Rechte X unter die einseitige Norm des Ehepersonen- oder Ehegüterrechts fällt. Qualifiziere ich im Recht X, gilt die Kollisionsnorm für Ehegüterrecht, mithin ist materielles Recht von X anzuwenden. Qualifiziere ich dagegen nach der lex fori, so ist die einseitige Kollisionsnorm für Ehepersonenrecht in X anzuwenden, nach der in casu materielles Recht von X jedoch nicht gilt.

Die strenge Einseitigkeit aller Kollisionsnormen wird also nicht verlassen. Daß für die Qualifikation die lex fori herangezogen wird, kann mit Hilfe der Einseitigkeit so wenig verboten werden, wie die Qualifikation nach der lex fori in einem System allseitiger Kollisionsnormen schon mit Rücksicht auf die Allseitigkeit der Normen richtig oder falsch ist. Dennoch ist diese Qualifikation in einem System einseitiger Normen sicher ein Fremdkörper. Zur Begründung muß man aber schon — statt auf die Einseitigkeit — auf jenen anderen Satz zurückgreifen, daß kein Recht gegen seinen Willen anzuwenden sei, eine lex fori-Qualifikation u. U. aber zur Anwendung eines Rechtes führen könne, das, wenn ihm selbst die Qualifikation offengestanden hätte, nicht zur Anwendung gekommen wäre. Alle Vertreter eines Systems einseitiger Kollisionsnormen fordern in der Tat die Beachtung dieses Satzes und nehmen sie sogar für sich allein in Anspruch. Näheres Zusehen zeigt aber, daß die Beachtung dieses Satzes, sofern man in ihm einen verwirklichungswürdigen Grundsatz des IPR sieht, auch mit einem System allseitiger Kollisionsnormen verträglich ist[1]).

Der Grundsatz der Einseitigkeit führt also noch nicht zum Wegfall der Qualifikation; Gründe für einen möglichen Wegfall dagegen sind nicht auf ein System einseitiger Normen beschränkt.

Damit ist der Problemkreis um die Qualifikation aber erst angerührt. Ein tieferer Vorstoß wird erst möglich, nachdem klarer herausgestellt ist, welche Stellen Qualifikationsfragen entstehen lassen können. Am klarsten ist die Qualifikationslehre von Kegel[2]), auf drei Grundfälle zurückgeführt worden. Danach liegt eine Qualifikation zunächst vor in der Antwort auf die Frage, unter welche deutsche Kollisionsnorm z. B. deutsche materielle Rechtsinstitute fallen (Überwindung der Unterschiede zwischen den Systembegriffen des deutschen materiellen und des deutschen Kollisionsrechts). Beispiel: Fällt die Frage des Prozeßkostenvorschusses unter die Kollisionsnorm für Ehepersonen- oder Ehegüterrecht? Eine Qualifikation wird weiterhin notwendig bei Unterschieden zwischen den Systembegriffen des deutschen materiellen und eines ausländischen materiellen Rechts. Beispiel: Heimfallrechte der englischen Krone an erbenlosen Nachlässen gehören nach englischem Recht dem Sachenrecht an, das entsprechende Recht

1) Im einzelnen dazu unten S. 87—90.
2) Soergel-Kegel a. a. O., Vorbem. I 5 b vor Art. 7 EGBGB = S. 12.

des Fiskus ist in Deutschland erbrechtlich gestaltet. Eine Qualifikation liegt schließlich noch vor, wenn Ausländer im Inland Rechte geltend machen, die im Inland unbekannt sind. Beispiel (vom ordre public sei abgesehen): Ein seit kurzem im Inland ansässiger Südseeinsulaner verlangt von seiner gleichfalls im Inland ansässigen Schwägerin Schadensersatz, weil sie ihn nach dem Ableben ihres Mannes zu heiraten ablehne, dazu aber verpflichtet sei; denn ihm als Bruder ständen Hinterlassenschaft und die Frau des Verstorbenen zu.

An diesen drei Grundfällen muß das System von Pilenko überprüft werden.

Die Unterschiede zwischen den Systembegriffen eines materiellen und des zugehörigen (auch einseitigen) Kollisionsrechts (Fall 1) werden auch von Pilenko nicht überwunden. Ähnliche Schwierigkeiten müssen ihm auch in Fall 3 erwachsen. Unterstellt man in Fall 3 nämlich, daß ein Richter eigenes materielles Erbrecht anwendet, wenn der Erblasser zuletzt Staatsangehöriger des Inlandes war, eigenes Ehepersonen- oder Ehegüterrecht aber nur dann, wenn beide Ehegatten oder auch nur einer z. Zt. der Eheschließung Staatsangehörige im Inland waren, dann hängt im obigen Beispiel des Falles 3 die Frage der Anwendung eigenen Rechts davon ab, ob ich das Heiratsbegehren des Südseeinsulaners — der sich (wie unterstellt sein mag) nach der Eheschließung in Deutschland niedergelassen und hier die Staatsangehörigkeit erworben hat — als erbrechtlicher oder eherechtlicher Natur (oder sonstwie) „qualifiziere". Allgemein kann also die Anwendung eigenen Rechts deswegen problematisch sein, weil sie davon abhängt, wie man ein im Inlande unbekanntes Rechtsbegehren von Ausländern den inländischen einseitigen Kollisionsnormen zuordnet.

Auch im Qualifikationsgrundfall 2 (Systemunterschiede zwischen ausländischem und inländischem materiellen Recht) hat Pilenko die Einordnungfrage — und zwar in jedem der beteiligten Rechte getrennt — zu lösen.

Da Pilenko alle Qualifikationsschwierigkeiten auf ein System allseitiger Kollisionsnormen zurückführt, liegt es nahe, daß er den sich aus einseitigen Kollisionsnormen ergebenden Einordnungsschwierigkeiten den Charakter einer Qualifikation im iprechtlichen Sinne abspricht, etwa mit der Begründung, daß es sich insoweit nicht um Qualifikationskonflikte, sondern um Auslegungsprobleme im Rahmen nur einer Rechtsordnung handele. Eine solche Beschränkung der Qualifikation auf Qualifikationskonflikte ist terminologisch an sich nicht angreifbar, wohl aber deren praktische Berechtigung und ihr Erfolg. Diese Trennung führt in der Sache zu keiner Behebung der entstehenden Schwierigkeiten, von denen allerdings einzuräumen ist, daß sie von unterschiedlicher Stärke sein können. Pilenko muß die Einordnungsfrage lösen, ob er sie Qualifikation nennt oder nicht. Da alle Einordnungsfragen Auslegungsfragen sind, ist es im Grunde auch gleichgültig, ob ich zu der Bezeichnung Qualifikation greife oder nicht.

Man sieht: „Auslegungsfragen“ bleiben bestehen. Denkbar ist sogar auch eine lex fori-Qualifikation in allen Fällen (1—3). Ob sie empfehlenswert oder abzulehnen ist, muß auf einer Ebene entschieden werden, die gleichermaßen für ein System ein- oder allseitiger Normen besteht. Es ist die Frage, ob die kollisionsrechtliche Einordnung abhängig sein soll von der Begriffswelt des eigenen materiellen Rechts. Diese Frage wird für ein System allseitiger Kollisionsnormen weithin mit Recht verneint, weil die allseitige Kollisionsnorm ihrer Funktion nach nicht ausschließlich von den heimischen materiellen Systembegriffen abhängig sein, sondern sich frei von diesen ihren allseitigen Rechtsanwendungszwecken entsprechend entfalten soll. Zwar kennt ein System nur einseitiger Normen keine Verweisung auf fremdes Recht, so daß die allseitige Wirkungsfunktion der Kollisionsnorm in einem System allseitiger Kollisionsnormen nicht gegen die Richtigkeit der lex fori-Qualifikation in einem System einseitiger Kollisionsnormen herangezogen werden kann. Gleichwohl ist diese Qualifikation auch für dieses letztere System abzulehnen. Soweit es hier um die „Auslegung“ ausländischer einseitiger Kollisionsnormen geht, ist sie deswegen verfehlt, weil sie willkürlich inländische materielle Systembegriffe der ausländischen Kollisionsnorm aufzwingt und so noch über den Fehler der lex fori-Qualifikation in einem System allseitiger Normen hinausgeht[1]). Es liegt nahe, an die Stelle der lex fori-Qualifikation für einseitige ausländische Normen die Qualifikation nach der betreffenden ausländischen Rechtsordnung vorzunehmen, wie es Pilenko auch tut, wiewohl er diesen Vorgang nur Auslegung nennen würde. Soweit es andererseits in einem System einseitiger Normen um die „Auslegung“ der inländischen Kollisionsnormen geht, liegt es nahe, nach inländischem Recht zu qualifizieren. Natürlich ist dies eine lex fori-Qualifikation. Es empfiehlt sich aber, diesen Namen ganz zu opfern, weil er bekanntermaßen einen Qualifikationsgrundsatz bezeichnet, der für alle Fälle Gültigkeit beansprucht, während es sich hier nur um eine von vielen Qualifikationen handelt, nämlich um die im eigenen Recht. Daß die Bezeichnung lex fori-Qualifikation für diesen besonderen Fall nicht glücklich ist, zeigt sich, wenn die Anwendung der deutschen einseitigen Kollisionsnorm einem ausländischen Richter zufällt. Für ihn stellt sich die Qualifikation nämlich nicht als lex fori-Qualifikation dar (das wäre Einordnung nach seinem Recht), sondern als Qualifikation nach deutschem Recht, sie wäre dem Fall vergleichbar, daß ein deutscher Richter im englischen Recht qualifiziert.

Die lex fori-Qualifikation ist darum für ein System einseitiger Kollisionsnormen der Sache nach für Einordnungsfälle im ausländischen Recht und dem Namen nach für alle Fälle aufzugeben.

Das Ergebnis der bisherigen Überlegung ist: Aus der Einseitigkeit eines kollisionsrechtlichen Systems ergibt sich der Wegfall des Qualifikationsproblems nicht. Denkbar und durchführbar ist sogar eine lex fori-Quali-

---

1) Dort wird dieser Zwang regelmäßig nur inländischen Kollisionsnormen angetan.

fikation. Erst jenseits der Normarten liegende Überlegungen führen dazu, die lex fori-Qualifikation für alle Systeme abzulehnen. Das führt für ein System einseitiger Kollisionsnormen zu der Folge, daß die Auslegung (Qualifikation) einer einseitigen Kollisionsnorm der jeweils zugehörigen Rechtsordnung anfällt. Aber auch dann bleibt das Einordnungsproblem bestehen, ob man es mit Pilenko Auslegung oder — besser — Qualifikation nennt. Der Qualifikationsgrundfall 1 (Systemunterschiede zwischen materiellem und zugehörigem Kollisionsrecht) wird zum ausschließlichen Grundfall des Systems, weil stets und nur Einordnungen für eine Rechtsordnung von der Art des Grundfalles 1 entstehen. Grundfall 1 tritt mithin im System einseitiger Normen auch dort in Erscheinung, wo in einem System allseitiger Kollisionsnormen die Grundfälle 2 und 3 wirken würden. Mithin scheinen die Qualifikationsgrundfälle 2 und 3 — zwar durch Grundfall 1 abgelöst, aber immerhin — mit den ihnen in einem System allseitiger Kollisionsnormen anhaftenden Schwierigkeiten nicht vorhanden zu sein. Diesen Anschein gilt es näher zu ergründen.

Das System Pilenkos löst im Hinblick auf die Qualifikation einen naheliegenden Vergleich aus, nämlich den mit der lex causae-Qualifikation, wie sie am schärfsten durchgeführt wird von Martin Wolff[1]). Auch Wolff ordnet einen Rechtssatz so ein, wie er im betreffenden ausländischen Recht eingeordnet wird. Dem Vergleich zwischen Pilenko und Wolff wird folgender Fall vorgelegt:

Ein Engländer mit Wohnsitz und Vermögen in Deutschland stirbt erbenlos. Die englische Krone verlangt in Deutschland den Nachlaß. Wolff, auf dem Boden allseitiger Kollisionsnormen, geht wie folgt vor: Art. 25 EGBGB weist auf englisches Recht, vom englischen Recht sind aber nur erbrechtliche Sätze anzuwenden, ein Erbrecht der Krone an erbenlosem Nachlaß besteht nicht, wohl ein sachenrechtliches Heimfallrecht, das aber keine Anwendung finden kann, weil sich der Nachlaß in Deutschland befindet (Grundsatz der lex rei sitae). Pilenko, auf dem Boden einseitiger Kollisionsnormen, überlegt wie folgt: Deutsches Erbrecht ist nicht anzuwenden, weil der Erblasser nicht Deutscher war (Art. 24 EGBGB). Die englische Kollisionsnorm für Erbrecht erfaßt das Begehren der Krone in casu nicht, weil das Heimfallsrecht an bona vacantia kein Erbrecht ist, dieses ist vielmehr Sachenrecht, englisches Sachenrecht aber kann nicht angewandt werden, weil die Sachen nicht in England belegen sind.

Pilenko und Wolff kommen — der Fall soll zunächst nicht weitergeführt werden — zu gleichen Ergebnissen: Weder deutsches noch englisches Recht scheint anwendbar.

Diese Übereinstimmung muß jedoch noch genauer betrachtet werden, bevor sich Schlußfolgerungen rechtfertigen lassen.

Nicht übersehen werden darf, daß Wolff im Gegensatz zu Pilenko von einem System allseitiger Kollisionsnormen ausgeht. Er kann darum

[1]) IPR a. a. O. S. 54—60.

nur innerhalb desjenigen leges causae qualifizieren, die von der deutschen Kollisionsnorm unmittelbar oder über ausländische Kollisionsnormen bezogen werden.

In einer Verweisungskette A—B—C—D—A steht ihm zur Qualifikation z. B. nicht etwa das Recht E offen, das nach der Lehre von Pilenko möglicherweise anwendbar ist. Darum scheint ein Unterschied zwischen Pilenko und Wolff in der Verschiedenartigkeit ihrer Ausgangssysteme zu bestehen. Dieser Schein trügt. Denn daß die Qualifikation für Wolff an bestimmte Rechtsordnungen gebunden ist, ist gegenüber Pilenko ein Unterschied, der sich nicht im Bereich der Qualifikation auswirkt, sondern im Kollisionsnormensystem selbst. Die Qualifikation von Wolff und Pilenko stimmt qua Qualifikation vollkommen überein: Beide prüfen Kollisionsnormenbegriffe einer Rechtsordnung ausschließlich an Hand der materiellen Systembegriffe ebenderselben Rechtsordnung und legen die Kollisionsnorm nach dem zugehörigen materiellen Recht aus. Für diese Qualifikation steht Pilenko zwar — möglicherweise — ein anderer und vielleicht weiterer Raum offen als Wolff. Für die Qualifikationslehre selbst macht dies aber keinen Unterschied.

Um einen ähnlichen Scheinunterschied handelt es sich auch bei folgender Überlegung: Die Frau eines in Deutschland wohnhaften Engländers verlangt in Deutschland nach dem Ableben ihres Mannes dessen Nachlaß. Wolff wird von Art. 25 EGBGB an das englische Recht verwiesen. Die Frage, ob die Frau Erbin ist, gehört nach englischem Recht (Qualifikation) zum Erbrecht. Der deutsche Richter wendet also z. B. englisches Erbrecht an, wenn angenommen wird, daß eine Rückverweisung nicht zu beachten sei. Nach Pilenko wäre trotz gleicher Qualifikation englisches Erbrecht nicht anwendbar, weil der Erblasser seinen Wohnsitz nicht in England hatte. Auch hier zeigt sich trotz der Verschiedenheit der Ergebnisse, daß der Unterschied nicht in der Qualifikation liegt, sondern im allgemeinen Systemunterschied zwischen ein- und allseitigen Kollisionsnormen, der allerdings durch den Renvoi wieder beseitigt würde.

Die Übereinstimmung der Qualifikation bei Pilenko und Wolff überrascht. Man neigt zu der Annahme, daß diese Art zu qualifizieren entweder bei Pilenko oder bei Wolff ein systematischer Fremdkörper ist. Diese Annahme ist m. E. begründet. Für Wolff dient, wenn er qualifiziert, ein System allseitiger Kollisionsnormen nur dazu, die Rechtsordnungen abzustecken, in denen die lex causae-Qualifikation erfolgt und damit über die Anknüpfung entscheidet. Folgerichtig ist aber wohl nur entweder ein System einseitiger Kollisionsnormen mit oder aber ein System allseitiger Kollisionsnormen ohne lex causae-Qualifikation. Es bedeutet darum eine vernünftige Selbstbeschränkung im System von Pilenko, wenn dieser alle positiven Konflikte, für deren Lösung er auf allseitige Kollisionsnormen zurückgreift, von seiner Qualifikationslehre ausnimmt. Wolff dagegen sprengt mit der lex causae-Qualifikation den Rahmen allseitiger Kollisionsnormen, indem er die Verweisung auf fremdes Recht in der Sache nicht beachtet, sie höchstens als formale Abgrenzung seines Wirkungsfeldes respektiert. Wolff opfert auf diese Weise mit jeder Qualifikation die inländische Verweisungsnorm zugunsten eines ausländischen Rechtssatzes. Damit qualifiziert aber Wolff nur noch einer fragwürdigen äußeren Form nach auf der Grundlage eines Systems allseitiger Kollisionsnormen. Ihrer Anlage nach paßt seine Lehre nur zu einem System einseitiger Kollisionsnormen, auf das sie darum in der Qualifikationsfrage hinausläuft.

Wolff und Pilenko stimmen also in der Qualifikationslehre überein. Da Pilenko die Qualifikation innerhalb einer Rechtsordnung wohl nur Auslegung nennen würde, würde er auch den Namen lex causae-Qualifikation opfern. Anders ausgedrückt: Die lex causae-Lehre wäre für Pilenko keine Qualifikationslehre. Noch anders ausgedrückt: Die lex causae-Qualifikation führt — so Pilenko — in Wahrheit zum Wegfall jeglicher Qualifikation.

Damit scheint sich das Zwischenergebnis zu bestätigen: Pilenkos System führt in den Qualifikationsgrundfällen 2 und 3 zum Wegfall der Qualifikation.

Vorteile lassen sich im Rechtsbereich nicht leicht messen. Im System Pilenkos liegt es so: In Fällen des positiven Konfliktes greift er auf ein System allseitiger Normen zurück, muß insoweit also auch deren Qualifikationsprobleme übernehmen. In allen anderen Fällen verbleibt die Qualifikationsfrage innerhalb einer Rechtsordnung. Die Grundfälle 2 und 3 fallen fort, werden aber durch die Erstreckung des Grundfalles 1 ersetzt. Will man darum von einem Vorteil des Systems Pilenkos sprechen, dann muß man diese Ersetzung würdigen. Die Schwierigkeiten in den Fällen 2 und 3 bestehen für die h. L. in der Anwendung entweder der lex fori-Qualifikation oder der kollisionsrechtlich-autonomistischen Qualifikation im Sinne Rabels. An die Stelle dieser Fälle tritt bei Pilenko der Grundfall 1, der stets nur materielles und Kollisionsrecht einer Rechtsordnung aufeinander bezieht. Diese Ersetzung mag vorteilhaft scheinen. Bei dem formalen Ergebnis, daß sich das Qualifikationsproblem bei Pilenko in seinen Grundfällen verschiebt, darf man jedoch nicht stehen bleiben. Es ist nämlich möglich, daß sich die — in sich vielleicht als Vereinfachungen anzusprechenden — Verschiebungen der Grundfälle zu Verlagerungen der Problematik auf andere Gebiete des IPR führen. Auch in der Wissenschaft läßt sich zuweilen feststellen, daß ein Loch nur gestopft werden konnte, indem man ein neues aufriß. Erst wenn sich erweisen läßt, daß Pilenko mit seiner Qualifikationslehre nicht andere Probleme heraufbeschwört, läßt sich der oben nur formal herausgestellte Vorteil auch sachlich bewerten.

Bekanntlich kann die Qualifikationslehre Wolffs zur sogenannten Normenhäufung oder zum sogenannten Normenmangel führen. Die mit Wolff übereinstimmende Qualifikationslehre von Pilenko müßte ebenfalls dazu führen.

Folgende Schulbeispiele mögen zur Erläuterung dienen:

Beispiel I: Deutsche Eheleute werden Schweden. Der Mann stirbt. Die Witwe macht in Deutschland Ansprüche auf den Nachlaß geltend.

Beispiel II: Schwedische Eheleute werden Deutsche. Der Mann stirbt. Die Witwe macht in Deutschland Ansprüche auf den Nachlaß geltend.

Pilenko — in der Sache auch Wolff — würde wie folgt überlegen:

In Beispiel I:

1. Anwendbarkeit deutschen Rechts:
   a) Nach Art. 15 EGBGB ist deutsches Ehegüterrecht anwendbar, dieses sieht einen Anspruch der Witwe nicht vor.
   b) Nach Art. 24 EGBGB ist deutsches Erbrecht (das Ansprüche der Witwe vorsieht) nicht anwendbar.
2. Anwendbarkeit schwedischen Rechts:
   a) Schwedisches Ehegüterrecht (sieht zwar Ansprüche der Witwe vor[1])) ist nicht anwendbar, da das Güterrechtsstatut umwandelbar ist[2]) und an die Staatsangehörigkeit des Mannes z. Zt. der Eheschließung anknüpft.
   b) Schwedisches Erbrecht ist anwendbar, da der Erblasser Schwede war[3]), es sieht aber für die Witwe keine Ansprüche vor[4]).
3. Ergebnis: Die Witwe erhält nichts?

In Beispiel II:

1. Anwendbarkeit deutschen Rechts:
   a) Deutsches Ehegüterrecht ist nicht anwendbar (Art. 15 EG).
   b) Deutsches Erbrecht ist anwendbar — Art. 24 EG — und sieht in § 1931 I 1 BGB das Recht der Witwe auf ein Viertel des nachgelassenen Mannesvermögens vor (wenn Abkömmlinge vorhanden sind).
2. Anwendbarkeit schwedischen Rechts:
   a) Schwedisches Erbrecht ist nicht anwendbar, weil der Erbe nicht Schwede war[5]).
   b) Schwedisches Ehegüterrecht ist anwendbar[6]). Es sieht den Anspruch der Witwe auf die Hälfte des beim Tode geeinten eingebrachten und errungenen Vermögens beider Eheleute vor[7]).
3. Ergebnis: Die Witwe erhält $^1/_2$ oder $^1/_4$ oder $^3/_4$?

In Beispiel I liegt „Normenmangel" vor, in II „Normenhäufung". Wengler[8]) schlägt stattdessen die Bezeichnungen „Wertungswiderspruch"

---

[1]) u. [7]) Eheges. v. 11. 6. 1920, Kap. 6 §§ 1, 2, abgedr. in Sveriges Rikes Lag, 71. Aufl. 1949, S. 16.

[2]) u. [6]) Michaeli a. a. O. S. 92.

[3]) u. [5]) Michaeli a. a. O. S. 238.

[4]) Erbgesetz vom 8. 6. 1928 Kap. 1 § 1 mit Kap. 2 § 1 (dieser i. d. Fass. d. Ges. v. 9. 6. 1933), abgedr. in Sveriges Rikes Lag (vgl. Anm. 1), S. 124.

[8]) a. a. O. Wolff-Festschr. S. 363.

und „Anspruchskonkurrenz" vor, weil die Bezeichnungen von Wolff zu formal seien. Allein Anspruchskonkurrenz ist ebenfalls formal, Wertungswiderspruch ist es im Grunde auch und deckt zudem beide Fälle. Gewiß sind die Bezeichnungen Normenmangel und Normenhäufung nicht sonderlich glücklich; denn in Fall I mangelt es nicht an Normen, und in Fall II sind nicht mehr anwendbare Normen gehäuft als in Fall I, sie führen nur zu anderen Ergebnissen. Treffende Bezeichnungen sind schwer zu finden. Vielleicht könnte man von „Anspruchsschwund oder -verlust" und „Anspruchsdopplung oder -gewinn" sprechen, weil in Fall I durch Teilanwendung von zwei Rechten die Ansprüche verschwinden, die bei Vollanwendung auch nur eines von ihnen für die Witwe bestanden hätten, und weil in Fall II durch eben dieselbe Handhabung in beiden Rechten Ansprüche für denselben Sachverhalt angeboten werden.

Sachlich entsteht dieses — unter dem Namen Angleichung bekannte — Problem, wenn auf der Grundlage verschiedener Kollisionsnormen einer Rechtsordnung (so bei einem System allseitiger Normen) oder mehrerer Rechtsordnungen (so bei einem System einseitiger Normen) verschiedene Sachnormen zweier Rechtsordnungen zusammenkommen, die nicht aufeinander abgestimmt sind, weil sie innerhalb eines Systems so nicht zusammengehören. Nicht nur die angeführten Beispiele, sondern ganz allgemeine Überlegungen beweisen, daß das System von Pilenko häufig zu solchen Fällen des Anspruchsverlustes und Anspruchsgewinns führen kann, weil nie eine im System allseitiger Kollisionsnormen jedenfalls denkbare Möglichkeit besteht, die Ergebnisse schon im Rahmen der Qualifikation abzufangen. Die Behandlung dieses Angleichungsproblems wird für Pilenko noch dadurch erschwert, daß er es ablehnen muß, zur Überwindung von angleichungsbedürftigen Fällen in fremdes materielles Recht einzugreifen, auch wenn dieses Recht seine Anwendung nicht vorsieht[1]).

Bevor die Lösung angedeutet wird, muß die Untersuchung noch in einem Punkte tiefer in das System Pilenkos hineingeführt werden.

Es scheint nämlich, wie wenn in Beispiel I ein negativer und in Beispiel II ein positiver Konflikt entstanden ist. Da sich Pilenkos Qualifikationslehre auf positive Konflikte nicht bezieht und er im Falle des negativen Konfliktes ohne weiteres die lex fori anwendet, würde man die oben bezeichnete Angleichungsproblematik nicht als Folgeerscheinung der Qualifikationslehre Pilenkos hinstellen dürfen, wenn es sich tatsächlich um positive und negative Konflikte handelt. Dies gilt es zunächst zu prüfen.

Unter positivem Konflikt versteht Pilenko die Anmeldung von Herrschaftsansprüchen zweier einseitiger Normsysteme über einen Fall ohne Rücksicht auf den Inhalt ihres jeweiligen materiellen Rechts. Die

---

[1]) Daher können Fragmente verschiedener Rechtsordnungen zusammengewürfelt werden, die nicht aufeinander abgestimmt werden können, was Neuhaus (Besprechung von Pilenko a. a. O. ZAIP 20 [1955], 599) mit Recht gegen Pilenko ins Feld führt.

Lösung des Konfliktes muß dann zur Ausscheidung eines der beteiligten Kollisionsrechte führen, so daß ein Kollisionsrecht übrigbleibt. Im Angleichungsbeispiel II liegt es dagegen ganz anders. Auch hier melden zwei Rechtsordnungen Herrschaftsansprüche an, aber ohne daß ihnen auf Kollisionsrechtsebene ein Konflikt zugrunde liegt. Weder im Erb- noch im Ehegüterrecht stehen sich zwei kollisionsrechtliche Normen mit demselben Anwendungsanspruch gegenüber. Es braucht also kein kollisionsrechtlicher Anspruch ausgeschieden zu werden. Eben darum aber kommt es zur Anwendbarkeit von zwei materiell-rechtlichen Ansprüchen, die nicht zueinander passen. Denn schwedisches Ehegüterrecht paßt nur zu schwedischem, nicht deutschem Erbrecht, und deutsches Erbrecht nur zu deutschem, nicht schwedischem Ehegüterrecht. M. a. W.: Der Konflikt — sofern man davon überhaupt sprechen darf — wirkt sich auf materiellrechtlicher Ebene aus (positiv-materiellrechtlicher Konflikt). Dieser ist vom positiv-kollisionsrechtlichen Konflikt zu trennen. Nur für den kollisionsrechtlichen Konflikt trifft es zu, daß Pilenko insoweit auf die h. L. zurückgreift, nicht auch für den materiellrechtlichen Konflikt; denn insoweit ist sein Ausgangspunkt stets und nur eine einzige einseitige Kollisionsnorm, z. B. die für Ehegüterrecht oder die für Erbrecht. Folglich gehört der entstandene materiellrechtliche Konflikt nach der Terminologie Pilenkos zum Spatialrecht und nicht zum Kollisionsrecht. Es muß darum den vom Spatialrecht ausgelösten Problemen zugerechnet werden. Entsprechendes gilt für den negativen Konflikt. Er entsteht, wenn keine Rechtsordnung materielles Recht für die Lösung des Falles hergeben will. So aber liegt es im Angleichungsbeispiel I nicht. Sowohl Schweden (Erbrecht) als auch Deutschland (Ehegüterrecht) bieten ihr materielles Recht an, nur sehen beide materiellen Teilrechte keinen Anspruch der Witwe vor, weil deutsches Ehegüterrecht einen solchen Anspruch im deutschen Erbrecht und weil schwedisches Erbrecht diesen Anspruch im schwedischen Ehegüterrecht geregelt wissen. Auch dieser Fall zählt zu den Problemfrüchten des Spatialrechts. Der Unterschied zum negativ-kollisionsrechtlichen Konflikt wird auch dadurch deutlich, daß dessen Lösung durch Pilenko (hilfsweise Anwendung eigenen Rechts) für den negativ-materiellrechtlichen Konflikt keine Lösung geben kann. Denn welches subsidiäre deutsche Recht sollte der Richter anwenden, Erb- oder Ehegüterrecht? Die geschilderten Angleichungsprobleme sind also eine Folge des Systems von Pilenko und ergeben sich aus Systemunterschieden zwischen ausländischem und inländischem Recht, mithin genau dort, wo Pilenko das Qualifikationsproblem (Grundfälle 2 und 3) verbannt zu haben schien.

Es bedarf keiner Erwähnung, daß natürlich nicht alle Qualifikationen bei Pilenko zu Angleichungsfragen führen. Verlangt im Angleichungsbeispiel II die Ehefrau zu Lebzeiten ihres Mannes Prozeßkostenvorschuß und sehen schwedisches Ehegüterrecht und deutsches Ehepersonenrecht dieselbe Regelung vor, so hat die Frau zwar eine doppelte Anspruchsgrundlage, aber diese widerspricht sich nicht.

Die Lösung des Angleichungsproblems braucht hier im einzelnen nicht durchgeführt zu werden[1]), da es nur auf die Prüfung ankommt, ob Pilenkos Lehre, daß Qualifikationsprobleme nicht entstehen, nicht an anderer Stelle Schwierigkeiten nach sich ziehen muß. Im allgemeinen wird man für die Angleichung eine kollisionsrechtliche Lösung vorziehen, weil das Kollisionsrecht erster Anlaß zur Entstehung dieser Schwierigkeiten ist. Vielleicht wird man sogar sagen können, daß eine solche kollisionsrechtliche Lösung der Angleichungsfrage in den Rahmen des Qualifikationsproblems gehört. Die Angleichung würde so ihre Selbständigkeit als iprechtliches Problem verlieren und im Rahmen der Qualifikation zu behandeln sein. Diese Frage gehört indes nicht zum Gegenstand der vorliegenden Arbeit.

Die Behandlung des Qualifikationsproblems durch Pilenko kann damit abgeschlossen werden. Sie hat ergeben:

Das System einseitiger Kollisionsnormen zwingt nicht, von einer in allen Fällen nach der lex fori erfolgenden Qualifikation Abstand zu nehmen. Die Ablehnung der lex fori-Qualifikation beruht auf Gründen, die für die Systeme ein- oder allseitiger Kollisionsnormen — mit geringen Abweichungen — gleichermaßen gelten. Die Lehre Pilenkos, die mit der Qualifikationstheorie von Wolff übereinstimmt, kann die Qualifikationsgrundfälle 2 und 3 nur durch den Grundfall 1 ersetzen, führt dabei aber häufig in das Gebiet der Angleichung, für die sie keine Lösung hat. Den Qualifikationsgrundfall 1 kann sie der Sache nach nicht überwinden.

Damit werden die behaupteten Vorzüge des Systems einseitiger Kollisionsnormen in der Qualifikationsfrage in ihrer Gesamtheit praktisch fragwürdig. Sie auf Heller und Pfennig zu bewerten, ist nicht möglich. Einen wesentlichen Gewinn werden sie kaum darstellen können.

b) Renvoi

Soweit das spatialrechtliche System Pilenkos herrscht, entfällt natürlich das Problem der Verweisung, also auch das der Rück- und Weiterverweisung. An dieser Feststellung ist gewiß nicht zu rütteln. Wo sich das Spatialrecht dagegen nicht auswirkt, gerät Pilenko in die der herrschenden Lehre nachgesagten Schwierigkeiten. Wie er sich hier entscheiden will, ist nicht festzustellen. Diese Fälle bilden aber auch nicht sein Anliegen.

Dagegen muß der Wegfall des Renvoi (Rück- und Weiterverweisung werden unter diesem Begriff zunächst zusammengefaßt) näher ins Auge gefaßt werden. Dabei ist zu beachten: Diese Arbeit kann und will nicht das Problem des Renvoi allgemein aufgreifen. Sie dient — wie auch in der Frage der Qualifikation — lediglich dem Ziel, die Behauptung Pilenkos zu überprüfen, daß das Spatialrecht an die Stelle der verzweigten Renvoi-Problematik ein ebenso einfaches wie geschlossenes System setze und schon dieses Vorzuges wegen ein System allseitiger Kollisationsnormen weithin abzulösen berechtige.

---

[1]) Vgl. dazu in jüngster Zeit z. B. Kegel a. a. O. Lewald - Festschr. S. 276 f.

Die von P i l e n k o vorgetragenen Vorteile lassen sich zunächst nur einem solchen iprechtlichen System gegenüber erfolgreich behaupten, das den Renvoi nicht in Bausch und Bogen ablehnt. Ein System mit ausschließlichen Sachnormverweisungen (so in jüngerer Zeit das Zivilgesetzbuch von Ägypten vom 29. 7. 1948 in Art. 27, das Einführungsgesetz zum Zivilgesetzbuch von Brasilien vom 4. 9. 1942 in Art. 16, das Zivilgesetzbuch von Italien in der Fassung vom 16. 3. 1942 in Art. 30, das Zivilgesetzbuch von Griechenland vom 15. 3. 1940, in Kraft getreten am 23. 2. 1946, in Art. 32[1])) weiß von keinem Renvoi-Problem. Da P i l e n k o ein ausländisches Recht, das nach der zugeordneten Kollisionsnorm nicht anzuwenden ist, niemals anwendet, während dies in einem System mit ausschließlichen Sachnormverweisungen der Fall sein kann, stimmen diese beiden Systeme im Ergebnis nur dann überein, wenn entweder eigenes Recht anzuwenden ist oder das Recht, auf das verwiesen wird, dieselbe Anknüpfung wie das eigene kennt und außerdem kein anderes Recht Anwendung heischt (sonst positiver Konflikt!). Ein Vergleich dieser beiden Systeme erübrigt sich jedoch im einzelnen, weil sich nach P i l e n k o die Vorteile seiner Lehre gerade einem solchen System gegenüber entfalten, das den Renvoi nicht grundsätzlich verwirft.

Es empfiehlt sich, an Hand von Grundfällen die Lösungen des Spatialrechts und eines Renvoi-freundlichen Systems allseitiger Kollisionsnormen in einem Schema zu vergleichen.

System mit Renvoi	Pilenko
1. $A^{StA} B^{W} A$[2]) (Renvoi abgebrochen)	A (neg. Konflikt)
2. $A^{StA} B^{W} A^{StA} B$ usw. (double Renvoi)	A (neg. Konflikt)
3. $A^{StA} B^{W} C^{E} A$ (abgebrochen)	A (neg. Konflikt)
4. $A^{StA} B^{W} C$	C (normale Zuständigkeit, da C Wohnsitzstaat und an Wohnsitz anknüpft)
5. $A^{StA} B^{W} C^{StA} B^{W} C$ (double Renvoi)	A (neg. Konflikt)

Damit sind die Grundfälle der (ein- oder mehrfachen) Weiterverweisung (Fall 4) und der (abgebrochenen oder anders gelösten) Rückverweisung auf Ausgangs- oder Zwischenrecht (Fälle 1, 2, 3 und 5) erfaßt. Um

[1]) Texte bei M a k a r o v, Quellen a. a. O. sub Ägypten S. 6, sub Brasilien S. 8, sub Italien S. 8, sub Griechenland S. 12.

[2]) Die Buchstaben A, B, C bedeuten Rechtsordnungen. Das letzte Recht ist das jeweils angewandte materielle Recht, die anderen sind Kollisionsrechte. StA (= Staatsangehörigkeit), W (= Wohnsitz), E (= Errichtungsort) sind Anknüpfungsmomente.

den Vergleich in reiner Form durchführen zu können, bleibt in allen Fällen bei Pilenko die Möglichkeit außer Betracht, daß sich eine Rechtsordnung außerhalb der Länder A, B und C für zuständig erklärt, z. B. X oder Y. Dies würde im Grundfall 4 zum positiven Konflikt führen, in den Fällen 1—3 und 5 dagegen zur ausschließlichen Anwendung dieses Rechts X oder Y, so daß ein negativer Konflikt nicht entsteht[1]). Hier sollen aber ausschließlich die bei Pilenko sehr häufigen negativen Konflikte gewürdigt werden.

Der Lösungsvergleich eröffnet schon auf den ersten Blick eine bemerkenswerte Feststellung. Nur einer von vier Grundfällen wird von Pilenko in regelrechter Anwendung seines Systems gelöst, vier Lösungen müssen ihr Heil in einer Zuflucht zur compétence supplétive als der Lösung aller negativen Konflikte suchen. Bemerkenswert ist weiterhin, daß der Fall 4 — regelrechte Lösung — für die h. L. gerade derjenige Grundfall ist, der zu keinem Problem Anlaß gibt, wenn man die Frage ausnimmt, ob man die Weiterverweisung überhaupt anerkennen soll oder nicht. Pilenko löst also gerade diejenigen Fälle mit Hilfe der compétence supplétive, die allerdings für die h. L. reichlich Anlaß zu Praktiker- und Gelehrtenarbeit bieten. Es ist dies die Frage, wann und wie der Renvoi abzubrechen oder wie der doppelte Renvoi zu lösen sei[2]). Dieser merkwürdigen Parallelität der Schwierigkeiten bei Pilenko und einem Renvoi-freundlichen System ist näher nachzuspüren. Erst im Anschluß daran ist noch die Feststellung zu würdigen, daß die Ergebnisse der beiden Systeme in den Grundfällen 1, 3 und 4 stets übereinstimmen, in Grundfall 5 stets abweichen und im Grundfall 2 abweichen oder übereinstimmen können, je nachdem, wie hier der doppelte Renvoi gelöst wird.

Eine iprechtliche Lehre gerät in die Problematik des Renvoi, wenn und soweit sie auf das Nebeneinander von Sach- und Kollisionsnormen im ausländischen Recht Rücksicht nehmen will, wenn und soweit sie also den Konflikt nicht schon von der eigenen Kollisionsnorm entgültig entscheiden lassen, sondern ausländisches Recht an dieser Entscheidung beteiligen will[3]). In solche Schwierigkeiten stürzt man sich nicht ohne Not oder um ausländischer schöner Augen willen, sondern weil man rechtspolitisch für wertvoll erachtete Ergebnisse erzielen will. Im Kampf um den Renvoi spielen vornehmlich drei Interessen eine Rolle[4]): das Interesse, bei dem ersten verwiesenen Recht zu verbleiben, das Interesse an der Anwendung inländischen Rechts, das Interesse an der Erreichung des Entscheidungseinklangs, d. h. an übereinstimmenden iprechtlichen Entscheidungen,

---

[1]) Vgl. zu diesen Fällen unten S. 68—70.

[2]) Vgl. neuestens Pagenstecher, Entscheidungseinklang a. a. O., besonders S. 7, 59, und dazu Kegel JZ 1952, S. 191.

[3]) So besonders deutlich neuestens Lewald Fritzsche-Festschr., a. a. O. S. 165 f.; Kegel Lewald-Festschr. a. a. O. S. 280.

[4]) Kegel JZ 1952, S. 191 und in Soergel-Kegel a. a. O., Art. 27 Bem. III, S. 270 f.; Pagenstecher, Entscheidungseinklang a. a. O., S. 6—8, 13, 15 f.

gleichgültig, in welchem Staat die Entscheidung getroffen wird. Die Praxis hat zu einer weitgehenden Anerkennung des Renvoi geführt, weil sie insbesondere das Interesse an der Anwendung eigenen Rechts in den Vordergrund der Bewertung gestellt hat[1]). Wertvorstellungen und Werturteile, mithin rechtspolitische Überlegungen, haben also zugunsten des Renvoi entschieden und dabei Schwierigkeiten der dogmatischen und strukturellen Begründung in Kauf genommen.

Die Rückverweisung (nicht dagegen die Weiterverweisung, die aus dem Kreis der weiteren Betrachtungen zunächst ausgeschieden wird) will den Fällen gerecht werden, in denen alle beteiligten Rechtsordnungen nach ihren Kollisionsnormen die Anwendung ihres Rechts an sich nicht vorsehen. Diese Fälle liegen im Wesen des IPR, solange nicht ein (oder mehr als ein) Staat für jeden Rechtsfall auf der Erde eigenes Recht für anwendbar erklärt, und bestehen der Sache nach unabhängig von ein- oder allseitigen Kollisionsnormen. Da sie ihrer Anlage nach zur Rechtsverweigerung führen können, müssen sie überwunden werden. Dies geschieht eben entweder durch ein System starrer Sachnormverweisungen oder aber durch die verschieden weitgehende Anerkennung der Rückverweisung. Beide Möglichkeiten stehen im Rahmen eines Systems allseitiger Kollisionsnormen als Methoden zur Verfügung, die dem IPR strukturell innewohnende Schwierigkeiten überwinden sollen.

Dieselbe Problematik ist nunmehr im System von Pilenko zu untersuchen. Hier wirken sich die Fälle, daß keine Rechtsordnung ihr materielles Recht für anwendbar erklärt, als negativer Konflikt aus. Pilenko polemisiert gegen diese Bezeichnung. Richtig ist, daß ein „Konflikt" in diesen Fällen nicht besteht. Richtig ist aber auch, daß man aus Zweckmäßigkeitsgründen und zur Verdeutlichung fehlende Konflikte (genauer: Fälle, in denen keine Rechtsordnung die Anwendbarkeit eigenen Rechts vorsieht) „negative Konflikte" nennen darf, um sie den positiven gegenüberzustellen. Es steht m. E. auch nichts im Wege, von einem Krieg als einem negativen Frieden zu sprechen. Wortarme Sprachen werden zu solchen Hilfsbezeichnungen greifen. Jedenfalls dürfte die Wahl der Worte sachlich nichts verschlagen. Den negativen Konflikt faßt Pilenko als Rechtsvakuum auf, das durch compétence supplétive der lex fori[2]) zu füllen sei. Für Pilenko ist also die Hilfszuständigkeit des eigenen Rechts das methodische Prinzip, die aufgezeigten Strukturschwierigkeiten des IPR zu überwinden. Will man die Vorzüge der Lehre Pilenkos in diesem Punkte der Rückverweisungslehre gegenüber abwägen, so muß man die methodische Berechtigung des jeweiligen Prinzipes (hie compétence supplétive, hie Rückverweisung) im Rahmen des zugehörigen Systems würdigen.

1) RG 136, 361—367 (364—366).

2) „Asyl aller gescheiterten Theorien" nach einem harten Urteil von Frankenstein.

Das spatialrechtliche System von Pilenko zeichnet sich zweifellos, wo es regelrecht herrscht, durch praktische Einfachheit aus: Anwendbares Recht ist aufzusuchen und anzuwenden, nicht anwendbares Recht ist nicht anzuwenden. Positive Konflikte werden an das Konfliktsrecht mit seinen allseitigen Normen verwiesen. Genau wie der positive Konflikt fällt aber auch der negative aus dem geschlossenen Spatialrecht heraus. Er ist systemfremd, weil er nicht mit der Grundregel „Anwendbares Recht ist anzuwenden, nicht anwendbares Recht ist nicht anzuwenden" zu lösen ist. Denn auch das eigene Recht will — zumindest von Haus aus — nicht angewandt werden. Für systemfremde Grundfälle vermag aber kein System angemessene Lösungsvorschläge bereitzuhalten, weil die Lösung aus der (sit venia verbo) „Natur der Sache" den Stempel der Willkür tragen muß. Das beweist Pilenkos Lösung mit der compétence supplétive. Sie ist gewiß eine Lösung, aber sie ist willkürlich. Der Richter soll eigenes Recht anwenden, weil Pilenko wohl den Verstoß gegen den fehlenden Anwendungswillen des eigenen Rechts am ehesten verantworten und durch Neuschaffung einer Spatialhilfsnorm verdecken zu können glaubt. Ebenso könnte er einer anderen Rechtsordnung diese Willkür antun; denn das eigene Recht sollte eigentlich mehr Respekt abnötigen als fremdes. Eine dritte Lösung wäre die Flucht zur h. L. von den allseitigen Kollisionsnormen. Wie Pilenko dies für den positiven Konflikt vorschlägt, so könnte er es mit demselben Recht für den negativen Konflikt tun. Auch dies ist natürlich ein Ausweg, aber folgerichtiger als der Ausweg zur compétence supplétive, weil Pilenko ein System allseitiger Kollisionsnormen neben seinem eigenen gutheißt und ihm auch sonst (positive Konflikte) die im eigenen System nicht lösbaren Fälle zuweist. Bei einer Lösung des negativen Konfliktes mit Hilfe der compétence supplétive fori hängt zudem die Anwendung des materiellen Rechts von der Zufälligkeit des Prozeßortes ab. Auf diese Weise kann jeder, der für seinen Fall den negativen Konflikt entstehen sieht, durch geschickte Wahl des Prozeßortes die Anwendung des ihm angenehmsten oder gar günstigsten Rechts erzielen, ohne daß ihm Pilenko einen Vorwurf machen könnte. Schon diese Folge der Lehre von Pilenko wird jeden abstoßen müssen, der im Grundsatz des Entscheidungseinklangs ein erstrebenswertes Ziel des IPR sieht. Dagegen kommt sie den Wünschen jener entgegen, die eine möglichst weite Anwendung des eigenen Rechts für das höchste Ziel des IPR halten; allerdings wird deren Befriedigung mit dem Preis der Willkürlichkeit bezahlt.

Es fragt sich indes, ob nicht das System Pilenkos auch eine systemadäquate Lösung aufzuzeigen vermag. Das vermag sie. Denn liegt dem System der Grundgedanke „Anwendbares Recht ist anzuwenden, nicht anwendbares Recht ist nicht anzuwenden" zugrunde, dann ist die folgerichtige Lösung für den Fall, daß sich ein anwendbares Recht nicht finden läßt: Es wird überhaupt kein Recht angewandt. Selbstverständlich ist das Rechtsverweigerung, aber sie wird zum notwendigen Endpunkt, wenn man das System zu Ende denkt nach dem Gesetz, nach dem es angetreten. Ein

System aber, dessen folgerichtige Entwicklung u. U. zur Rechtsverweigerung führt, gibt allgemein zu Bedenken und Zweifeln Anlaß.

So bliebe für Pilenko nur die Wahl: Ein Spatialrecht unter Einschluß des negativen Konfliktes und mit der Pflicht, aus Folgerichtigkeit u. U. Entscheidungen zu verweigern, oder ein Spatialrecht unter Ausschluß des negativen (wie auch des positiven) Konfliktes. Wie die Wahl auch ausfällt, das Spatialrecht wird auf knappe Grundlagen gestellt.

Die aufgezeigten Folgerungen zeigen sich möglicherweise in einem anderen Licht, wenn man auch der Lehre von der Rückverweisung Systemfremdheit, damit Willkürlichkeit und zudem Förderung von Entscheidungen, die von der Zufälligkeit des Prozeßortes abhängen, vorwerfen müßte.

Die Anerkennung der Rückverweisung geschieht im Rahmen solcher IPR-Systeme, die im Gegensatz zu Pilenko auf der Grundlage allseitiger Kollisionsnormen davon ausgehen, daß jeder Staat zuständig sei, auf heimisches wie auf fremdes Recht zu weisen, unabhängig von dem Willen derer, auf die er verweist. Danach ist es an sich möglich, daß ausländisches Recht auch gegen den Willen des ausländischen Gesetzgebers angewandt wird. Da hier die Grundlage des Systems von Pilenko zunächst unkritisch entgegengenommen und lediglich daran Folgerungen geknüpft wurden, ist es billig, wenn auch diese Grundlage des herrschenden Systems zunächst unkritisch hingenommen wird. Danach löst jeder Staat nicht nur für sein eigenes materielles Recht, sondern im Grundsatz für alle materiellen Rechte die Anknüpfungsfrage. So in reinster Form die Lehre von der Sachnormverweisung. Jede Rückverweisungslehre geht darüber hinaus und respektiert in gewissen Maßen, die von rechtspolitischen Zweckerwägungen gesetzt werden, den Willen fremder Gesetzgeber hinsichtlich der Anwendung ihrer Rechte. Daraus folgt, daß dic Rückverweisung jedenfalls nicht systemfremd ist, wie immer man auch ihre Ausgestaltung im einzelnen vornimmt. Sie paßt sich den Prämissen der h. L. von der allseitigen Funktion der inländischen Kollisionsnormen an und entwickelt je nach Grad und Stärke der rechtspolitischen Anschauung ein System. Ist die Rückverweisung aber nicht systemfremd, so ist sie auch nicht willkürlich in dem Sinne, wie die Lösung des negativen Konfliktes durch Pilenko willkürlich genannt werden konnte, d. h. eine von mehreren gleichermaßen zu rechtfertigenden systemfremden Lösungen. Natürlich läßt sich — abstrakt gesehen — die Rückverweisung genau so verteidigen wie der Grundsatz der Sachnormverweisung. Insoweit ist jede rechtspolitische Stellungnahme willkürlich, weil mit Willen geboren, aber sie ist im System mit guten Gründen dann zu rechtfertigen, wenn sie dem System innewohnende Schwierigkeiten mit systemadäquaten Mitteln zu lösen trachtet. Das tun die Lehren von der Sachnorm- und Rückverweisung, das tut Pilenko aber nicht.

Ein kurzer Blick ist auf die Rückverweisungslehre noch im Hinblick auf den zweiten Vorwurf gegen die Lösung von Pilenko zu werfen, nämlich die Förderung von Entscheidungen, die von der Zufälligkeit des Prozeßortes abhängen. Es ist schon gesagt worden, daß e i n zur Rückverweisung führendes Interesse der Wunsch nach Entscheidungseinklang ist. Ihn zu erzielen, ist — abgesehen von vereinheitlichenden Staatsverträgen — vornehmlich die Art geeignet, wie man den Renvoi handhabt. Es besteht kein Zweifel, daß der Renvoi in vielen Fällen zum Entscheidungseinklang ohne Schwierigkeiten führt, der wissenschaftliche Kampf wird nur darum geführt, wie weit dieser Einklang möglich und wünschenswert ist[1]). Ein Renvoi-freundliches System ist folglich solchen Zufallsentscheidungen jedenfalls nicht in demselben Maße ausgesetzt, wie die Lehre von der compétence supplétive.

Bisher zurückgestellt wurde eine nähere Betrachtung der Übereinstimmungen und Abweichungen zwischen der Renvoi-Lehre und Pilenko in den Lösungen der Renvoi-Grundfälle. Wir ziehen dazu noch einmal die Tabelle auf Seite 55 heran. Der Grundfall 4 kann als unproblematisch ausgeschieden werden. Die Lösungen stimmen überein, weil für Pilenko das Recht C anwendbar ist und weil für die h. L. die Verweisungskette bis zu einem Recht führt, das die Verweisung stoppt, weil es wie das Vorrecht anknüpft. Die Lösung von Pilenko paßt sich seinem System an. Darum wurde der Fall der Weiterverweisung aus den bisherigen Betrachtungen herausgenommen. Möglich ist natürlich, daß bei Pilenko außer Recht C noch Recht D einen Herrschaftsanspruch anmeldet; dann aber entsteht ein positiver Konflikt, den Pilenko spatialrechtlich nicht lösen kann, so daß er hier ausgeschieden werden mag. Die Grundfälle 1—3 und 5 bilden zwei Gruppen: 1 und 3 (System A: Abbruch des Renvoi) einerseits und 2 und 5 (System B: Lösung des Renvoi z. B. nach Art der foreign-court-Theorie[2])) andererseits bilden jeweils ein mögliches Renvoi-System. System A stellt das Interesse an der Anwendbarkeit eigenen Rechts in den Vordergrund, System B dagegen das Interesse am Entscheidungseinklang. Der Unterschied der Lösungen beruht auf der Verschiedenartigkeit der rechtspolitischen Entscheidung. Hier zeigt sich besonders deutlich, daß der Renvoi als methodisches Prinzip benutzt wird, um wünschenswerte Ergebnisse zu gewährleisten. Dieser Unterschied tritt bei Pilenko nicht in Erscheinung. In allen vier Fällen wendet er die lex fori als compétence supplétive an. Zwar stimmen seine Lösungen 1 und 3 stets mit den Lösungen des entsprechenden Renvoi-Systems A überein, aber nicht, weil Pilenko die Anwendung eigenen Rechts als bewußt erstrebtes rechtspolitisches Ziel erreichen will (wie System A), sondern weil es für ihn, sofern eigenes Recht oder ein ausländisches Recht nicht anzuwenden ist, nichts anderes als die lex fori gibt. Hier zeigt sich mithin: Die Anwendung der lex fori ist bei Pilenko starre, unabänderliche, formale Notentscheidung,

---

1) Vgl. hierzu z. B. Pagenstecher, Entscheidungseinklang, a. a. O., bes. S. 7 f., 13, 15, 59.

2) Z. B. Pagenstecher, bes. S. 59.

sie ist die Flucht in den Ausweg, wo das System nicht Weg noch Steg kennen kann. Das Renvoi-System dagegen ist lebendig, wandlungsfähig und geschmeidig; es ist ein — wenn auch nicht leicht zu handhabendes — Mittel, rechtspolitische Überlegungen und Entscheidungen in die Tat umzusetzen. Auch und schon in dieser Funktion, Mittel der rechtspolitischen Entscheidung und damit der iprechtlichen Aktivität und Initiative sein zu können, ist es dem System Pilenkos vorzuziehen, wie immer man im einzelnen von diesem Mittel auch Gebrauch machen möge. Pilenkos Lehre von der compétence supplétive, die genau die Fälle der Rückverweisung deckt, bedeutet mithin sachlich einen Verzicht, in das iprechtliche Geschehen und seine Problematik einzugreifen. Es ist darum aber nicht verwunderlich und wohl auch nicht zu überschätzen, daß sie an sich keine Anwendungsschwierigkeiten kennt.

Als Ergebnis ist damit festzuhalten:

Der Renvoi (qua Rückverweisung) führt zu Schwierigkeiten, weil er Schwierigkeiten zu überwinden gedacht ist; er ist im System allseitiger Kollisionsnormen systemadäquat, beweglich und kann Entscheidungen erzielen, die nicht von der Zufälligkeit der Wahl des Prozeßortes abhängen.

Die Lösung von Pilenko mit Hilfe der compétence supplétive ist systemfremd, willkürlich, starr und ermöglicht Entscheidungen, die von der Zufälligkeit der Wahl des Prozeßortes abhängen. Sie kennt allerdings keine Schwierigkeiten, weil sie keine Schwierigkeiten ins Auge faßt.

c) Ordre public

Pilenko glaubt, den ordre public (op) durch seine Definition auf eine saubere Grundlage gestellt zu haben. Nun ist der op formal gewiß leicht zu definieren, sachlich aber nur in Fallgruppen zu umschreiben. Pilenko hat den leichteren Weg gewählt. Seine Definition ist so formal, wie wenn man sagen würde: der op ist die Summe aller inländischen Normen, die an sich anwendbares ausländisches Recht hindern, angewandt zu werden. Denn daß der op ein Konflikt zwischen Spatialnorm und allseitiger Kollisionsnorm sei, wobei die allseitige Norm auf ausländisches Recht und die Spatialnorm auf inländisches Recht weise, bringt das op-Problem gewiß nicht weiter; auch dem jüngsten Lehrling des IPR ist bekannt, daß sich unter dem Namen ordre public der Kampf zwischen inländischem und ausländischem Recht abspielt. Der 2. Hauptvorwurf Pilenkos gegen die herkömmliche Handhabung des op — dieser führe zu einer a posteriori-Anwendung des eigenen Rechts, das a priori nicht anwendbar gewesen sei — führt dagegen schon tiefer in die Problematik des op hinein.

Liest man diesen Vorwurf bei Pilenko, dann möchte man zunächst fragen, wie denn in den meisten Fällen des negativen Konfliktes eine a posteriori-Anwendung der lex fori zu rechtfertigen sei, die a priori auch nicht angewandt sein wolle, wenn dieses a posteriori-a priori-Verhältnis im Falle des op der h. L. zum Vorwurf gereichen soll.

Die Auffassung Pilenkos, die op-Klausel(n) — möglichst schon durch den Gesetzgeber, sonst durch den Richter — in einseitige Kollisionsnormen „umzugießen", ist gewiß nicht von Hause aus falsch; denn sie ist möglich, durchführbar und führt zu gewünschten Zielen. Sie bürdet jedoch dem Gesetzgeber und, wo dieser versagt hat oder nicht entscheiden wollte, dem Richter in ganz ungeahnter Fülle Entscheidungsarbeit auf. Diese Arbeit setzt sich wesentlich aus rechtspolitischen Stellungnahmen zum Verhältnis von ausländischem und inländischem Recht für jedes mögliche Rechtsbegehren zusammen. Der Gesetzgeber müßte „a priori" die Aufgaben bewältigen, die sonst im Laufe von Jahren von einer großen Zahl von Richtern im Rahmen von Einzelfällen bewältigt werden könnten. Der Gesetzgeber würde ferner eine Reihe von einseitigen Kollisionsnormen schaffen müssen, die aufzustellen vielleicht kein Richter des Landes im Laufe vieler Jahre genötigt wäre, weil ein entsprechender Fall nicht vorgekommen wäre. Gewiß könnte sich der Gesetzgeber auf die dringendsten Fälle beschränken, der Richter könnte ihm dafür Fingerzeige geben und im übrigen als „législateur subrogé" selbst entscheiden.

Alle diese Schwierigkeiten fallen der von Pilenko vorgeschlagenen Lösung qua System zur Last. Darüber hinaus bestehen aber Schwierigkeiten im Einzelfall. Die französische Doktrin trennt bei der Anwendung des op innerhalb der sogenannten droits acquis die „création de droits" und deren „éfficacité"[1]). Jene wird u. U. milder beurteilt als diese. Da ein Gesetzgeber einseitige op-Normen nur starr für ein Rechtsgeschäft in allen Fällen aufstellen könnte, würde es ihm schwerfallen, dieser in Frankreich anerkannten Trennung Rechnung zu tragen. Er — wie auch der Richter — müßte schon getrennte Normen für diese Fälle schaffen. Er würde dem Richter auf diese Weise ein weites Feld für Auslegungsfragen überlassen. Selbst wenn eine unendliche Mühe des Gesetzgebers von allseits anerkanntem Erfolg gekrönt würde, so darf man bei der Möglichkeit und Durchführbarkeit dieses Systems nicht stehenbleiben. Man muß vielmehr genauer rechtfertigen, daß man unter mehreren möglichen das denkbar beste gewählt hat.

Die Ansicht Pilenkos, viele einseitige Kollisionsnormen als Ausprägung der op-Generalklausel aufzustellen, ist in dieser weitgehenden Form zwar neu, ihrem Grundgedanken nach aber entspricht sie einer in Frankreich, Italien und Spanien vorherrschenden Auffassung vom op als einem „principe inspirateur"[2]), einem „aprioristischen Prinzip"[3]), einer Klausel mit allgemeiner Gültigkeit und allgemeinem Herrschaftsanspruch, die man — formal — auch positiven op nennt.

Eine solche Auffassung stößt in Deutschland ganz allgemein auf Ablehnung. In deutscher Sicht ist der op eine negative (Abwehr-)Klausel mit

---

1) Maury, L'éviction a. a. O. S. 114—120.
2) Ago a. a. O. S. 429.
3) Knapp, Essai a. a. O. S. 5.

Ausnahmecharakter[1]). Er gilt als „systemzerstörender Faktor" und „notwendiges Übel"[2]). Ist der op aber nur ein Mittel der Abwehr, dann tritt er erst in Erscheinung, nachdem dasjenige Recht inhaltlich festgestellt ist, gegen das ein Angriff möglicherweise „nécessaire et légitime"[3]) ist. Mit einem solchen System verträgt sich aber die „aposteriorische" Anwendung des eigenen Rechtes nicht nur gut, sie zwingt sogar dazu. Im übrigen bietet es auch nichts Bizarres, wenn ein zunächst als anwendbar angesehenes Recht nachträglich (in Wirklichkeit: sofort) ausnahmsweise von der Anwendung ausgeschlossen wird. Der Vorwurf P i l e n k o s geht ins Leere.

Die Entscheidung zwischen diesen verschiedenen op-Systemen hängt demnach davon ab, welche Funktion man dem op zuordnet, mit anderen Worten: in welche Stoßrichtung man seine Kräfte weist: weitgehende Wahrung eigener Rechtsanschauungen oder aber „s u u m cuique ius"! Da beide Systeme sicher möglich sind, andererseits die Behauptung P i l e n k o s, seine Definition gebe dem op-Problem festen Halt, nicht zutrifft, läßt sich schon jetzt feststellen, daß die Lehre P i l e n k o s von ihrem System her keine der deutschen Lehre überlegene Lösung bieten kann. Die Entscheidung für diese oder jene Grundauffassung fällt vielmehr jenseits von ein- oder allseitigen Kollisionsnormen.

Die vorliegende Arbeit könnte es bei diesem Ergebnis bewenden lassen, sie möchte aber einen Schritt weitergehen und sich rechtspolitisch für die deutsche Auffassung vom op als einer Ausnahmenorm entscheiden. Denn als A u s n a h m e k l a u s e l ist der op zunächst seiner Spitze und Schärfe wegen einem allgemein herrschenden Prinzip gegenüber vorzuziehen (Vorzug gegenüber der allgemeinen romanistischen Doktrin), als G e n e r a l - k l a u s e l (d. h. als allgemeine Formulierung der Ausnahmen) aber ist er der Auflösung in viele einseitige Kollisionsnormen überlegen (Vorzug gegenüber der Lehre P i l e n k o s). IPR dient neben der Anwendung eigenen Rechts der Auffindung und Anwendung ausländischen Rechts. Ist ausländisches Recht aber einmal anwendbar, so sollten die Sicherheit eines möglichst reibungslosen internationalen Verkehrs und die gegenseitige Achtung der Völker, die nicht zuletzt in der Handhabung des Kollisionsrechts ihren Ausdruck findet, schon Anlaß genug sein, nicht ohne Not von diesem Recht wieder abzuweichen, es so mit Hilfe inländischer Erwägungen seinem Werte nach in Frage zu ziehen und schließlich die Anerkennung im Ausland zweifelhaft werden zu lassen. Ein großherziges Vertrauen zur ausländischen Gesetzgebung und nicht etwa kleinliches Haften an dem für Inländer gewiß vorzuziehenden inländischen Recht sollte im Einzelfall

1) Deutlich z. B. D ö l l e, ordre public a. a. O. S. 398; S t a u d i n g e r - R a a p e a. a. O. S. 801; L e w a l d, Règles générales a. a. O. S. 121, 124; K n a p p, Essai a. a. O. S. 5.

2) D ö l l e S. 399; S t a u d i n g e r - R a a p e S. 802; K e g e l, Lewald-Fschr. a. a. O. S. 269.

3) So die treffende Formulierung von M a u r y, L'éviction a. a. O. S. 110 im Anschluß an eine unveröffentlichte Arbeit von M e z g e r.

wirksam sein. Gute Maßstäbe hierfür lassen sich nicht allgemein aufstellen. Fast alles hängt vom Takt und von der juristischen Instinktsicherheit des Richters ab, der eine Fülle von Anschauungen in ihrer ständigen Wandelbarkeit zu wägen hat. Schon diese Aufgabe, lebens- und zeitnah zu urteilen, schlägt zugunsten einer Generalklausel und gegen eine Flut vorbereiteter einseitiger Kollisionsnormen aus. Die von Pilenko vorgeschlagene Lösung muß starr bleiben und veraltet schnell; der Gesetzgeber aber ist überlastet und lebt später als die Menschen. Was überhaupt zugunsten von Generalklauseln — insbesondere mit Rücksicht auf das Verhältnis von Gesetzgeber und Richter — gesagt werden kann, spricht gegen Pilenko. Sein möglicher Einwand, daß auch der Richter zur Aufstellung einseitiger Normen qua op-Klauseln berufen ist, schlägt hiergegen nicht durch; denn was der Richter nach Pilenko tut, unterscheidet sich sachlich nicht im geringsten von der Arbeit des Richters, der z. B. Art. 30 EGBGB prüft. Es fällt schwer, sich etwa einen französischen Richter vorzustellen, der z. B. — wie es Pilenko will — in einem ehepersonenrechtlichen Streit zwischen zwei Ausländern durch ausschließliche Auslegung des französischen Rechts feststellt, ob das gewünschte Prozeßziel den Anschauungen des französischen Eherechts entspricht, und erst bejahendenfalls z. B. auf das Heimatrecht der Ehegatten zurückgreift. Er wird ganz unwillkürlich zunächst einen Blick auf das anwendbare (so in einem System einseitiger Kollisionsnormen) oder für anwendbar erklärte (so in einem System allseitiger Kollisionsnormen) Eherecht werfen, um zu sehen, ob überhaupt eine op-Schwierigkeit auftritt oder nicht. Er wird zu diesem Verfahren erst recht dann greifen, wenn zunächst z. B. nur die Frage der Gültigkeit einer ausländischen Ehe auftritt und erst im Rahmen der Ehe dann op-würdige Einzelrechte umstritten werden. Die von Pilenko geforderte Arbeitsweise würde den Arbeitsweg des Richters erschweren, nicht erleichtern. Eine Erleichterung würde wohl in Fällen der gesetzlichen „Ausgießung" einseitiger op-Normen eintreten. Diese technische Vereinfachung würde aber mit dem Verlust an Gerechtigkeit, Beweglichkeit und Internationalität der Entscheidung bezahlt[1]). So erweist sich der Vorschlag Pilenkos trotz seiner logischen Berechtigung und praktischen Durchführbarkeit im Ergebnis als der in Deutschland herrschenden Auffassung vom Wesen des op unterlegen.

Nicht bestreitbar ist, daß manche im op wurzelnde Wertanschauungen in einseitige Kollisionsnormen „gegossen" werden sollten. Dies geschieht zuweilen[2]). Es handelt sich dann um Fälle, in denen sich für bestimmte Sachverhalte ganz allgemein die Anwendung eigenen Rechts (Ausschaltung ausländischen Rechts) als geboten erwiesen hat. Der Gesetzgeber faßt dann gleichsam eine Summe von gleichlautenden richterlichen Entscheidungen zusammen und nimmt damit allen in Zukunft zur Entscheidung in ähnlicher

---

[1]) Ähnlich Schiffer, ordre public a. a. O. S. 59.

[2]) Vgl. z. B. Art. 12, 13 III, 17 IV, 21 EGBGB; für das französische Recht vgl. Schiffer a. a. O. S. 57 f.

Lage berufenen Richtern die Arbeit ab. Solche Normen dienen der Rechtsklarheit und sind zweckmäßig. Da auch sie Störenfriede in einem auf gegenseitige Achtung und Anerkennung aufgebauten iprechtlichem System bleiben, sollten sie spärliche Ausnahmen bilden und das Feld im übrigen der Rechtsprechung und Wissenschaft offen lassen. Das kann selbstverständlich im Einzelfall zu abweichenden Entscheidungen führen, wirkt sich im ganzen aber nicht so störend und befremdend aus wie verfrüht gesetzte Normen.

Als Ergebnis ist festzuhalten:

Der Lösungsvorschlag Pilenko zum op-Problem ist zwar durchführbar, führt jedoch zu Schwierigkeiten und beruht auf einer Grundanschauung, die ihre — allerdings fragwürdige — Einfachheit auf Kosten der Gerechtigkeit, Beweglichkeit und Internationalität der Entscheidung erzielt. Er ist der herkömmlichen, insbesondere deutschen Auffassung von Wesen und Struktur des op nicht vorzuziehen.

d) Gesetzesumgehung und Vorfrage

Pilenko behandelt beide Fragen nicht. Es empfiehlt sich jedoch, das Verhältnis seines Systems zu ihnen herauszustellen.

aa) Das Problem der Gesetzesumgehung bleibt bestehen. Nur muß, wer auf die Anknüpfung Einfluß gewinnen will, u. U. andere Überlegungen anstellen als in einem System allseitiger Kollisionsnormen. Denn die von diesen eingeleitete Verweisungskette und damit der feste Anhalt für die möglicherweise in Betracht kommenden Rechtsordnungen fehlen. Die fraudulose Anknüpfung ist vielmehr auf unbestimmt viele Rechtsordnungen abgestellt, und es ist daher der Findigkeit des einzelnen überlassen, keine der anwendbaren Rechtsordnungen zu übersehen. Da nach Pilenko die Parteien dem Gericht ausländisches Recht zu unterbreiten und jedenfalls den Richter darauf hinzuweisen haben[1]), kann sich ein gegenüber dem System allseitiger Kollisionsnormen neues Problem daraus ergeben, daß findige Parteien ihnen nachteilige (anwendbare) Rechte übergehen, um auf diese Weise den für sie vielleicht günstigen Fall des negativen Konfliktes mit Anwendung der lex fori zu erzielen; auf die Anwendung der lex fori können sie im übrigen auch noch durch glückliche Wahl des Gerichtsstaates Einfluß gewinnen. Im wesentlichen aber verschiebt sich das Problem der Gesetzesumgehung nicht. Aus diesem Grunde braucht der Frage nicht weiter nachgegangen zu werden.

bb) Vorfrage

Beispiel: Zwei Staatsangehörige des Staates A haben im Staate B (Wohnsitzstaat) geheiratet und später die Staatsangehörigkeit in B erworben. Der Ehemann stirbt in B und hinterläßt Vermögen in C. Die Witwe macht ein Ehegattenerbrecht in C geltend.

---

[1]) Jedenfalls solange das droit spatial noch nicht hinreichend entwickelt ist, vgl. Pilenko Et. I 19.

Wir unterstellen: Das Erbstatut in C richtet sich nach der letzten Staatsangehörigkeit des Erblassers. Die Eingehung der Ehe bemißt sich in A und C nach der Staatsangehörigkeit der Verlobten, in B nach ihrem Wohnsitz zur Zeit der Eheschließung. Die von allseitigen Kollisionsnormen ausgehenden Lehren verteilen sich auf zwei Lager.

Die Meinung I knüpft die Frage der Ehegültigkeit als „Vorfrage" der Erbfrage selbständig nach dem Eheschließungsstatut des Forums an. Die Meinung II knüpft die Vorfrage dagegen so an, wie es das IPR der in der Hauptfrage (Erbfrage) berufenen Rechtsordnung tut. Das führt in casu zu folgenden Lösungen. Meinung I: Nach der allseitigen Kollisionsnorm von C bestimmt sich die Erbfrage nach dem Recht B, die Frage der Ehegültigkeit aber nach dem Recht A.

Meinung II: Nach der allseitigen Kollisionsnorm von C bestimmt sich die Erbfrage nach dem Recht B, die Frage der Ehegültigkeit ebenfalls nach dem Recht B, weil es das IPR von B so will.

Mit diesen Lösungen ist die Lösung von Pilenko, wie sie seinem System zu entnehmen ist, zu vergleichen. Die Frage selbständige oder abhängige Anknüpfung entsteht hier nicht, weil sie an ein System allseitiger Kollisionsnormen gebunden ist. Die Vorfrage ist vielmehr nicht anders zu beurteilen als die Hauptfrage. M. a. W.: Für Pilenko kann es nur selbständige Anknüpfungen geben. In casu würde Recht C für die Ehegültigkeitsfrage ausscheiden, weil die Verlobten nicht Staatsangehörige in C sind. Anwendbar wäre das Recht A (Staatsangehörigkeit der Verlobten zur Zeit der Eheschließung), aber auch das Recht B (Wohnsitz der Verlobten zur Zeit der Eheschließung). Für Pilenko entsteht mithin ein positiver Konflikt. Geht man von seinem kollisionsrechtlichen Lösungsvorschlag aus, dann greift er insoweit auf die h. L. allseitiger Kollisionsnormen zurück, er müßte sich darum zwischen der selbständigen und unselbständigen Anknüpfung entscheiden. Für diesen Fall würde seine Lehre vom System allseitiger Normen nicht abweichen, also auch keine Vorzüge aufweisen können. Geht man dagegen von dem spatialrechtlichen Lösungsvorschlag Pilenkos aus, dann zöge er das im Grundsatz dem eigenen Spatialrecht näherstehende ausländische Spatialrecht vor, in casu wohl das Recht A, weil dessen Anknüpfung an die Staatsangehörigkeit der inländischen Anknüpfung entspricht. In diesem Fall gelangt er zu dem Ergebnis, zu dem die selbständige Anknüpfung der Vorfrage auch führt. Er vermeidet also die der abhängigen Anknüpfung[1]) zur Last gelegte Zersplitterung der Anknüpfung einer Vorfrage im Rahmen verschiedener Hauptfragen. Selbstverständlich führt nicht jede Vorfrage bei Pilenko zu einem positiven Konflikt. Aber diese Fälle zeigen am deutlichsten den Standort seines Systems zu diesem Problem. Sachlich entsprechen sie genau jenen Fällen, in denen die selbständige und die abhängige Anknüpfung der h. L. zu ver-

---

[1]) Vertreten z. B. von Wolff IPR 79—81; Melchior Grundlagen a. a. O S. 249—263; Wengler Vorfrage a. a. O. ZAIP 8 (1934), S. 188—204.

schiedenen anwendbaren materiellen Rechten führen. Kommen diese dagegen zu demselben Ergebnis, stimmt damit natürlich auch stets die Lösung Pilenkos überein. Hier kann die Untersuchung der Vorfrage abgebrochen werden. Das System Pilenkos vermag einem System allseitiger Kollisionsnormen gegenüber keine Vorzüge zu bieten, es weist aber auch keine Nachteile auf.

e) Einfachheit des Systems

Pilenko rühmt an seinem System dessen Einfachheit. Qualifikation, Renvoi und ordre public sind behandelt. Es bleibt übrig, einen vergleichenden Überblick über die Abweichungen und Übereinstimmungen der Ergebnisse von Pilenko und einem System allseitiger Kollisionsnormen zu geben, um so das Anwendungsgebiet des droit spatial klar herauszustellen und eine bessere Grundlage für seine Bewertung zu gewinnen. Wir wollen für diesen Vergleich von den oben auf Seite 33 wiedergegebenen 4 Grundnormen des Spatialrechts ausgehen, sie aber in etwas geänderter Reihenfolge aufgreifen.

Grundnorm 3: Erklärt sich keine Rechtsordnung für zuständig, so ist die lex fori in compétence supplétive anzuwenden. Zu diesen negativen Konflikten ist im Abschnitt über den Renvoi ausführlich Stellung genommen. Die Lösung von Pilenko ist zwar einfach, aber systemfremd, willkürlich und fördert Zufallsentscheidungen; der Rückverweisungslehre ist sie nicht überlegen.

Grundnorm 2: Ist (inländisches Recht nicht anwendbar und) nur ein ausländisches Recht anwendbar, ist dieses anzuwenden.

Diese Norm ist gewiß denkbar einfach. Ihr entspricht in einem System allseitiger Kollisionsnormen regelmäßig die kollisionsrechtliche (einfache oder Weiter-)Verweisung, die zu einem Recht führt, das auch selbst die Anwendung eigenen Rechts vorsieht. Wird eine kollisionsrechtliche Verweisung verworfen (Grundsatz der Sachnormverweisung), dann sind die Ergebnisse von Pilenko und den Vertretern der Sachnormverweisung in allen Fällen verschieden, in denen die Sachnormverweisung zur Anwendung eines Rechts führt, dessen Kollisionsnormen die Anwendung eigenen Rechts nicht vorsehen. Für diese Fälle verschiedener Lösungen ist Pilenko zuzugeben, daß seine Lösung rechtspolitisch vernünftiger erscheint[1]). Denn er fördert den Entscheidungseinklang[2]). Dem Interesse

[1]) Ebenso Neuhaus Besprechung von Pilenko a. a. O. ZAIP 20 [1955], 599.

[2]) Daß Pilenko — wie Neuhaus meint (a. a. O. ZAIP 20 [1955], 599) — den Entscheidungseinklang verfehlt oder nur auf Kosten einer sachgerechten Entscheidung erzielt, trifft in dieser krassen Formulierung nicht zu. Denn Pilenkos System gelangt in vielen Fällen, insbesondere jenen der Grundnormen 2 und 3, im Ergebnis zum Entscheidungseinklang, auch wenn es diesen nicht systematisch zu erzielen trachtet.

daran kann nur das Interesse, an dem einmal als anwendbar vorgesehenen Recht festzuhalten, entgegenstehen; denn das ebenfalls noch in Verweisungsfällen im Spiel befindliche Interesse an der Anwendung eigenen materiellen Rechts scheidet für die Verweisungsfälle (qua Weiterverweisung) aus. M. E. gebührt dann dem möglichen Entscheidungseinklang der Vorzug, d. h. das Ergebnis, zu dem Pilenko gelangt, müßte auch allgemein von einem System allseitiger Kollisionsnormen angestrebt werden. Dies aber führt zur Anerkennung der Weiterverweisung, deren Lösung mit der von Pilenko übereinstimmt. Die Anhänger der Weiterverweisung stehen damit auf demselben rechtspolitischen Boden wie Pilenko, nur tritt die rechtspolitische Entscheidung in der Anerkennung der Weiterverweisung bewußter in Erscheinung als in der Lehre Pilenkos, wo sie bestenfalls allgemein in dem Grundsatz „Anwendbare Rechte sind anzuwenden, nicht anwendbare Rechte sind nicht anzuwenden" verkapselt bleibt.

Die Grundnorm 2 führt mithin bei Pilenko und der Lehre von der (anerkannten) Weiterverweisung zu übereinstimmenden Ergebnissen. Die Grundnorm 2 deckt aber darüber hinaus noch Fälle, die in einem System allseitiger Kollisionsnormen nicht von der Weiterverweisung erfaßt werden können.

Beispiel: Für die Frage der Gültigkeit eines Testamentes sei folgende Verweisungskette unterstellt:

$$A^{StA}\ B^{W}\ C^{StA}\ B$$ [1]

Für ein System allseitiger Kollisionsnormen entsteht ein Rückverweisungsproblem. Dies sei jedenfalls angenommen. Für Pilenko scheint dagegen ein negativer Konflikt vorzuliegen. Denkbar ist jedoch, daß noch die Rechtsordnung D die Frage der Gültigkeit des Testamentes nach dem Recht des Errichtungsortes bestimmt und eigenes Recht für anwendbar erklärt, weil sich der Testator zur Zeit der Testamentserrichtung in D vorübergehend aufgehalten hat. Schließlich wäre noch — aber wohl nur theoretisch — denkbar, daß sich eine Rechtsordnung — aus welchem Grunde auch immer — für jeden beliebigen Rechtsfall auf der Erde zuständig erklärt. In einem solchen Falle könnte Pilenko in seinem System auf die Grundnorm 3 (negativer Konflikt) verzichten. Dieser Fall ist aber Theorie. Würde Pilenko ihn in sein System einbeziehen und dieses stets zuständige Recht sogar anwenden, müßte er sich den Vorwurf gesteigerter — wenn auch folgerichtiger — Willkürlichkeit gefallen lassen. Hier soll dieser Fall außer Betracht bleiben. Das Beispiel oben aber zeigt: Was in einem System allseitiger Kollisionsnormen zum Rückverweisungsproblem führt, kann bei Pilenko Grundnorm 3 (negativer Konflikt) oder Grundnorm 2 (eine anwendbare ausländische Rechtsordnung) decken. Das Verhältnis von Grundnorm 3 (negativer Konflikt) und Rückverweisung ist im Abschnitt über den Renvoi behandelt worden. Dort blieb das Verhältnis von Grund-

[1]) Bedeutung der Buchstaben s. oben S. 55 Note [2]).

norm 2 und Rückverweisung außer Betracht, um den reinen Systemvergleich in allen Fällen, in denen sich keine Rechtsordnung für zuständig erklärt, zu ermöglichen.

Das Verhältnis von Grundnorm 2 (eine anwendbare ausländische Rechtsordnung) und Rückverweisung gibt zu folgenden Überlegungen Anlaß: Die Ergebnisse sind immer verschieden. Denn die h. L. wird sich stets für eine der in der Verweisungskette befindlichen Rechtsordnungen entscheiden, während Pilenko stets ein außerhalb davon stehendes Recht anwendet. Diese Möglichkeit wird allerdings nicht häufig auftreten. Denn je länger die Verweisungskette ist, desto mehr übliche Anknüpfungsmerkmale werden in die Verweisungskette einbezogen, so daß die Wahrscheinlichkeit stetig zunimmt, das in einem der an die Verweisungskette angeschlossenen Staaten dessen Anknüpfungsmerkmal verwirklicht ist. Dies gilt umso mehr, als die Länge der Verweisungskette gerade davon abhängt, wie wenige oder wie viele Anknüpfungsmerkmale (für jeweils eine Kollisionsnorm) in den verschiedenen Staaten eingeführt sind. Die Aussicht, daß in einer beliebig langen Verweisungskette ein Land mit einem verwirklichten Anknüpfungsmerkmal nicht erfaßt wird, ist darum nicht groß. Sie wäre äußerst groß, würde man nur Sachnormverweisungen anerkennen. Diese Lehre ist aber hier als die rechtspolitisch schwächere abgelehnt worden.

Unterschiede zwischen den Lösungen der h. L. und von Pilenko sind aber immerhin denkbar. Die Lösungen Pilenkos sind dann auch sicher folgerichtig, aber sie bedeuten in ihrer starren Folgerichtigkeit — in den gekennzeichneten Fällen ganz besonders deutlich — den Verzicht auf rechtspolitische Entscheidung. Denn aus der voranstehenden Skizzierung der Voraussetzungen für den Unterschied der beiden Systeme geht hervor, daß das von Pilenko angewandte „Außenseiterrecht“ gleichsam für die anderen Rechte tabu ist und ein Anknüpfungsmerkmal aufgestellt hat, das von der Mehr- oder gar Vielheit anderer Staaten verworfen wird. Diese Sachlage gibt zu denken. Pilenko stellt nämlich ein System auf, das die Staaten u. U. nötigt, rechtspolitische Entscheidungen vor den Kopf zu stoßen, die die ganz überwiegende Mehrheit unter ihnen getroffen hat. Die folgerichtige Anwendung des Außenseiterrechts mutet unter diesen Umständen nicht nur unangemessen, sondern auch unklug an. Sie stört — als System gesehen — den auf Harmonie abgestimmten Ton im Konzert der Nationen. Für Pilenko bliebe aus diesem Dilemma, wo Folgerichtigkeit in die Nähe der — rechtspolitisch gesehen — Absurdität rückt, ein Ausweg[1]): Da sein spatialrechtliches System nach seinen eigenen Worten der Entwicklung bedarf und sich diese insbesondere in einer Annäherung der Spatialnormen der einzelnen Staaten verwirklichen soll, wäre eine denkbare Folge solcher Annäherung, daß Fälle, in denen ganz außergewöhnliche, üblicherweise abgelehnte Anknüpfungen zur Anwendung eines Außenseiterrechts führen, überwunden würden. Dann würden alle Fälle der

[1]) Vgl. Et. I 25 und oben S. 34.

Grundnorm 2 von der (anerkannten) Weiterverweisung und alle Fälle der Grundnorm 3 von der (anerkannten) Rückverweisung gedeckt. Bis zu diesem Ziel muß sich Pilenko indes in den erwähnten Fällen den Vorwurf einer um den Preis der Internationalität erkauften Folgerichtigkeit seines Systems gefallen lassen.

Als Ergebnis zur Grundnorm 2 ist festzuhalten: Die Fälle dieser Gruppe werden entweder von der Weiterverweisung gedeckt oder aber von der Rückverweisung, im letzteren Falle ist die Rückverweisung dem System Pilenkos vorzuziehen.

Grundnorm 4: Positiver Konflikt zwischen zwei ausländischen Rechtsordnungen.

In Etude I auf Seite 21 hält Pilenko das Spatialrecht für unfähig, diesen Konflikt zu lösen. Es greift auf das System allseitiger Kollisionsnormen zurück. Solche Konfliktsfälle sind gewiß häufig, wiewohl sie nicht die Mehrheit ausmachen. Sie wurzeln insbesondere in der unterschiedlichen Einstellung der Rechtsordnungen zu Staatsangehörigkeit und Wohnsitz als dem zentralen Anknüpfungsmerkmal. In dem Ausmaße ihrer Häufigkeit wird das Wirkungsfeld des droit spatial eingeengt.

Nun hat Pilenko in dem schon mehrfach erwähnten Vortragsmanuskript die Formulierung der Lösung für den positiven Konflikt so verändert[1]), daß man ihr eine spatialrechtliche Lösung des positiven Konflikts, mithin den Verzicht auf den Rückgriff zum System allseitiger Kollisionsnormen entnehmen zu können glaubt. Im Fall des positiven Konflikts zwischen zwei ausländischen Rechten will er das Recht anwenden, dessen spatialrechtlicher Wesenskern dem eigenen Spatialrecht am nächsten steht.

Zur Erläuterung diene folgendes Beispiel:

Fall 1: lex fori ^{StA} A ^{W} B.

Recht B ist zuständig, da z. B. der Erblasser zur Zeit der Testamenterrichtung seinen Wohnsitz dort hatte. Spatialrechtlich erklärt sich aber auch Recht C zuständig, weil der Erblasser dort das Testament anläßlich eines kurzen Besuches errichtet hatte und Recht C an den Errichtungsort anknüpft. Positiver Konflikt!

Die h. L. (unterstellt sei die Anerkennung der Weiterverweisung) wendet Recht B an.

Pilenko würde ebenfalls Recht B anwenden, weil der Wohnsitz der Staatsangehörigkeit als dem Anknüpfungsmerkmal der lex fori im Wesenskern mehr entspricht als der Errichtungsort (des Rechtes C). Die Ergebnisse stimmen überein. Es scheint, wie wenn auch die spatialrechtliche Lösung des positiven Konflikts in Wirklichkeit Zuflucht zum System allseitiger

---

[1]) Vgl. oben S. 30.

Kollisionsnormen sei und dafür nur andere Worte gewählt habe[1]). Dieser Schein trügt. Das beweist

Fall 2: lex fori ^{StA} E ^{EO} F.

Recht F ist zuständig, weil z. B. der Erblasser das Testament in F (anläßlich eines Besuches) errichtete (EO = Errichtungsort). Spatialrechtlich erklärt sich außerdem Recht G zuständig, weil der Erblasser dort seinen letzten Wohnsitz hatte und Recht G an den Wohnsitz anknüpft. Positiver Konflikt!

Die h. L. wendet Recht F an. Pilenko dagegen würde Recht G anwenden, weil er — wie in Fall 1 — annimmt, daß der Wohnsitz im Wesenskern der Staatsangehörigkeit näher steht als der Errichtungsort.

Der Fall beweist, daß die spatialrechtliche Lösung des positiven Konfliktes etwas anderes als bloß verdeckte Zuflucht zur allseitigen Kollisionsnorm ist.

Pilenko hätte damit auch den positiven Konflikt in sein System einbezogen. Allein ein solcher Erfolg wäre ein wahrer Pyrrhussieg. Denn auf dem Kampffeld wäre die Grundlage des gesamten Systems zerschmettert worden. Diese war: Spatialrecht für die Fälle fehlenden Konfliktes, Kollisionsrecht für die Konfliktsfälle. Es muß darum entweder diese Systemgrundlage falsch sein (dann kann die spatialrechtliche Lösung des positiven Konfliktes u. U. richtig sein) oder aber die spatialrechtliche Lösung des positiven Konfliktes falsch sein (dann kann die Systemgrundlage richtig sein). Es läßt sich nun leicht nachweisen, daß die spatialrechtliche Lösung des positiven Konfliktes nur scheinbar spatialrechtlich, in Wirklichkeit aber noch systemfremder und willkürlicher ist als die compétence supplétive der lex fori für den negativen Konflikt.

Das Spatialrecht steht auf dem Fundament „anwendbares Recht ist anzuwenden, nicht anwendbares Recht ist nicht anzuwenden". Dieser Grundsatz hilft in positiven Konflikten so wenig wie in negativen. Wenn zwei Rechte anwendbar sind, dann gibt es spatialrechtlich nur zwei Möglichkeiten: beide anwenden oder keines! Tertium non datur. Nun ließe sich gewiß — zumindest theoretisch — über eine Doppelanwendung zweier ausländischer Rechte reden. Man würde aber schnell herausfinden, daß eine für alle Fälle saubere, nicht auf Zufälligkeiten abgestellte, brauchbare Lösung die Quadratur des Kreises darstellte. Im Einzelfall kann es dagegen sehr wohl möglich sein, zwei Rechte anzuwenden, z. B. wenn die Rechtsordnungen A und B für den Anspruch X übereinstimmende Voraussetzungen und Folgen festsetzen. Lösbare Einzelfälle rechtfertigen aber nicht ein System[2]). So bliebe aber nur die andere Möglichkeit, keine der im

---

[1]) Diese Auffassung vertritt Neuhaus Besprechung von Pilenko a. a. O. ZAIP 20 [1955], 598.

[2]) Für ein solches System tritt aber offenbar Fränkel (Der Irrgarten a. a. O. S. 239—243) ein; einschränkend dagegen wie hier Makarov, Gleichberechtigung a. a. O., S. 387.

Konflikt befindlichen Rechtsordnungen (zu ergänzen ist: spatialrechtlich) anzuwenden. Da sich der Richter aber nicht darauf beschränken kann, kein Recht zu sprechen, wäre der einzig angemessene Ausweg der Rückgriff auf ein System allseitiger Kollisionsnormen, wie Pilenko dies in seinen Studien auch tut und wie dies sachlich auch oben in Fall 1 geschieht. Was dagegen in Fall 2 geschieht, ist spatialrechtlich systemfremd und willkürlich. Denn aus welchem Grunde sollte die Spatialnorm siegen, die der eigenen nähersteht, wenn alles Spatialrecht gleichberechtigt ist? M. E. ist überdies selbst in diesem Fall noch die Formulierung ein Sprung in Richtung auf die allseitige Kollisionsnorm, nur ist der Sprung nicht genügend weit gegangen. Denn im Wesenskern stimmt mit der eigenen Spatialnorm sicher jede identische ausländische überein (dann reines System allseitiger Kollisionsnormen), im übrigen kann der Einzelfall harte Nüsse des Wesensvergleiches zu brechen geben. Die Formulierung Pilenkos legt die Annahme nahe, daß sie entweder in der Hoffnung aufgestellt wurde, eine wesensgleiche ausländische Anknüpfung werde schon bestehen, oder aber auf ihre Folgerungen für das gesamte System nicht genügend durchdacht worden ist.

Als Ergebnis zur Grundnorm 4 ist festzuhalten: Pilenko weist die Fälle des positiven Konfliktes dem System allseitiger Kollisionsnormen zu. Die spatialrechtliche Formulierung seines Lösungsvorschlages ist sachlich ein vielleicht nur unglücklicher, jedenfalls aber untauglicher Versuch, die positiven Konflikte systemgetreu zu lösen. Für die weitere Beurteilung des Systems von Pilenko wird dieser 2. Lösungsvorschlag, der gewiß nicht zugunsten von Pilenko aufzutreten vermöchte, außer Betracht gelassen.

Grundnorm 1: Ist die lex fori zuständig, so ist sie ohne Rücksicht auf den Inhalt irgendeines ausländischen Rechtes anzuwenden.

Ohne Zweifel führt eine System allseitiger Kollisionsnormen stets zu denselben Ergebnissen, zu denen auch Pilenko gelangt. Denn die Verweisung der allseitigen Kollisionsnorm auf eigenes Recht beendet die iprechtliche Tätigkeit. Für ein solches System liegt dieser unabänderliche Hinweis auf z. B. deutsches Recht darin begründet, daß ein Anknüpfungsmerkmal einen Sachverhalt entweder mit z. B. deutschem oder aber einem ausländischen Recht verbinden kann. Z. B. ist jemand entweder deutscher Staatsangehöriger oder nicht, hat einen deutschen Wohnsitz oder nicht, begeht in Deutschland eine unerlaubte Handlung oder nicht. Ausnahmen sind denkbar in Fällen doppelter Verwirklichung bestimmter Anknüpfungsmerkmale, insbesondere mehrfacher Staatsangehörigkeit. Dann aber wäre es systematisch an sich folgerichtig, auf den Nachlaß eines Erblassers, der Deutscher und Italiener war und abwechselnd hier und dort lebte und mit beiden Staaten gleichermaßen verbunden war, deutsches und italienisches Erbrecht anzuwenden. Das geschieht nicht. Allgemein geht für deutsche Richter die deutsche Staatsangehörigkeit bei mehrfacher Staatsangehörigkeit vor[1]). Das griechische Zivilgesetzbuch vom 15. 3. 1940 (23. 2. 1946) sieht diese Regelung für griechische Doppelstaater in Art. 31[2]) ausdrücklich vor. Dafür lassen sich gewiß Gründe in Fülle finden. Sie interessieren hier im einzelnen nicht. Festzuhalten ist nur, daß ein System allseitiger Kollisionsnormen zu dieser systematisch an sich folgewidrigen Ausweglösung nur zu greifen braucht in Fällen doppelt verwirklichter Anknüpfungsmerkmale, m. E. sogar nur in solchen Fällen, in denen sich die doppelt verwirklichten Anknüpfungsmerkmale ebenbürtig gegenüberstehen, also z. B. nicht in dem Falle, wo ein Deutscher zufällig in einem Land des ius soli geboren, kurz nach der Geburt aber wieder nach Deutschland verzogen ist; denn daß hier an deutsches Recht angeknüpft wird, ist nicht einmal systemwidrig, weil die Staatsangehörigkeit als Ausdruck der Verbandszugehörigkeit verstanden wird und diese letztere in casu nur zu Deutschland besteht; umgekehrt müßte m. E. folgerichtig in bestimmten Fällen auch einmal die deutsche Staatsangehörigkeit zurücktreten[3]).

Wie aber steht es insoweit mit dem System Pilenkos?

In Fällen der Grundnorm 1 können positive Konflikte vorliegen. Beispiel: Die Geschäftsfähigkeit eines Deutschen mit Wohnsitz in Dänemark ist in Deutschland zu beurteilen. Pilenko sieht den positiven Konflikt auch[4]) und löst ihn mit dem einfachen Hinweis, daß der Richter „fait abstraction des dispositions (sc.: étrangères) contraires à la spatialité française", weil die Anwendung französischen Rechts den Richter der Notwendigkeit enthebe, sich mit diesem positiven Konflikt zu befassen. Diese Begründung hält einer näheren Überprüfung nicht stand.

Entweder wird der Grundgedanke des spatialrechtlichen Systems von Pilenko folgerichtig (wie er dies auch in Grundnorm 2 getan hat) zu Ende gedacht oder aber das System (zumindest insoweit) aufgegeben. Folgerichtig ist aber nur, den positiven Konflikt nicht nur als solchen zu erkennen (so Pilenko), sondern auch zu behandeln, d. h. entweder beide Rechte oder keines von beiden anzuwenden. Dabei würde Pilenko entweder zur juristischen „Quadratur des Kreises" oder zur Rechtsverweigerung geführt. Pilenko muß folgerichtig auch für diese Art des positiven Konfliktes seine Zuflucht zu einem System allseitiger Kollisionsnormen nehmen. Die Bevorzugung eigenen Rechts ist keine Lösung, sondern die (apodiktisch verkleidete) Flucht davor. Pilenko kann auch nicht mit Erfolg einwenden, daß, wie oben ausgeführt, auch Vertreter des Systems allseitiger Kollisionsnormen zur Bevorzugung des eigenen Rechts in positiven Konflikten genötigt sind. Um diesen Einwand schon vorweg zu widerlegen, ist oben ausführlicher als eigentlich nötig auf die Fälle doppelter Verwirk-

---

1) Raape IPR S. 45 Anm. 43 erwähnt eine Diss. von Siegel, der u. U. die deutsche StA zurücktreten läßt.

2) Text bei Makarov, Quellen a. a. O. sub Griechenland S. 12.

3) Vgl. Anm. 1; Raape IPR S. 45 Anm. 43 lehnt die Ansicht von Siegel m. E. zu Unrecht ganz allgemein ab.

4) Et. I 20 und oben S. 29.

lichung eines Anknüpfungsmerkmals hingewiesen worden. Sie sind auf gewiß nicht allzu häufige Lagen beschränkt, wo ein Anknüpfungsmerkmal doppelt vorhanden ist (und wo m. E. zusätzlich diese Janusköpfe einander ebenbürtig sind). Umgekehrt ist Pilenkos systemwidrige Bevorzugung des eigenen Rechts nicht auf Fälle doppelter Verwirklichung eines Anknüpfungsmerkmales beschränkt, sondern deckt das weite Feld rivalisierender Anknüpfungen (z. B. zwischen Staatsangehörigkeit und Wohnsitz), die schon angesichts der großen Systemkluft zwischen den angelsächsisch-amerikanischen und den kontinentalen Rechten Legion zählen.

Nach Abschluß dieser vergleichenden Übersicht ist zunächst eine Zwischenbilanz aufzustellen, die der Sichtung des eigentlichen Wirkungsfeldes des Systems von Pilenko dienen soll.

Will man das System Pilenkos im ganzen beurteilen, so muß man zunächst alle und nur jene Teile herausstellen, die sich mit den vorangestellten Prämissen harmonisch verbinden lassen und auf deren — in sich noch nicht gewürdigten — Grundlagen zu überzeugen vermögen. Diese Sondierung ist geschehen und zwingt zu folgenden Einschränkungen:

Alle Fälle des positiven Konfliktes (Grundnorm 4 und Teile der Grundnorm 1) fügen sich nicht in das System. Dasselbe gilt für alle negativen Konflikte (Grundnorm 3). Ferner müssen die Fälle ganz außergewöhnlicher, abgelegener Anknüpfungen (Teile der Grundnorm 2), die zwar folgerichtig gelöst werden, aber schon ihrer Ergebnisse wegen abzulehnen sind, aus dem System verwiesen werden. Als wirklich tragfähig — auf der Grundlage seiner Prämissen — erweist sich das Spatialrecht Pilenkos demnach nur für einen Teil der Grundnorm 1 (ausschließliche Zuständigkeit der lex fori) und einen Teil der Grundnorm 2 (ausschließliche Zuständigkeit eines ausländischen Rechts).

In diesen systemtreuen Fällen stimmen die spatialrechtlichen Lösungen stets mit den Lösungen eines Systems allseitiger Kollisionsnormen, das die Weiterverweisung anerkennt, in aller Regel überein. Die von Pilenko behaupteten, mit seinem System verbundenen Vorzüge haben sich im Ergebnis nicht erweisen lassen. Da sich der Fortfall der Qualifikation und des Renvoi sowie die bessere Lösung des ordre public den vorhandenen Schwierigkeiten nach nicht oder nicht als Vorteil erweisen lassen, entfällt auch ein weiterer praktischer Vorwurf Pilenkos gegen die allseitigen Kollisionsnormen, der darin liegt, daß diese nichts anderes seien als ein Ariadnefaden für den Richter, der ihn statt aus dem Labyrinth in das Dunkel der Qualifikation und des Renvoi führe[1]). Es bleibt damit ein letzter praktischer Vorwurf Pilenkos übrig, daß ein System allseitiger Kollisionsnormen „lourd et difficile à manier“ sei[2]). Dieser Vorwurf läßt sich, will man beiden Systemen Gerechtigkeit widerfahren lassen, nur in der

1) Vgl. Et. I 19—21.
2) So Et. II 29.

Form würdigen, daß man prüft, ob allseitige Kollisionsnormen gerade in denjenigen Fällen lourd et difficile à manier sind, in denen das droit spatial überhaupt als neues System in Frage kommen kann. Das sind die oben herausgestellten Teile der Grundnormen 1 und 2. In allen anderen Fällen kann die Frage der Schwerfälligkeit des herrschenden Systems sogar dahingestellt bleiben; denn das System von Pilenko kann insoweit schon seiner aufgezeigten Systemwidrigkeiten, praktischen Schwierigkeiten und Ergebnisse wegen nicht zur Beseitigung dieser Schwerfälligkeit berufen sein. Nehmen wir die Teile der Grundnormen 1 und 2 auf. Die übrig gebliebenen Fälle der Grundnorm 1 decken die Anwendbarkeit der lex fori, weil ausschließlich diese anwendbar ist. Dieselbe Lösung ergibt sich für ein System allseitiger Kollisionsnormen regelmäßig noch schneller. Denn ein Vergleich der allseitigen Kollisionsnorm und der Verwirklichung des Anknüpfungsmerkmals eröffnet dem ersten Blick, ob überhaupt noch eine andere Rechtsordnung in Betracht kommen kann, nämlich nur bei doppelt verwirklichtem Anknüpfungsmerkmal. Für das droit spatial aber ist der Ausschluß rivalisierender ausländischer Rechte nicht so schnell möglich, weil nicht nur eine, sondern unter Umständen mehrere Anknüpfungslagen zu untersuchen sind, der Ausschluß der anderen Rechte aber andererseits geboten ist, weil sonst ein Fall des spatialrechtlich nicht lösbaren positiven Konfliktes vorliegen würde. Jedenfalls ist die einseitige Norm nicht einfacher als die allseitige zu handhaben.

Die übriggebliebenen Fälle der Grundnorm 2 decken die Anwendbarkeit nur eines ausländischen Rechts. Pilenko muß auch hier verschiedene mögliche Anknüpfungslagen überprüfen. Im Rahmen allseitiger Kollisionsnormen muß der Richter die von der Kollisionsnorm fori eingeleitete Verweisungskette prüfen, bis er das anwendbare Recht gefunden hat. U. U. hat er wie Pilenko mehrere ausländische Kollisionsrechte anzusehen. Die Schwierigkeit dieser Arbeit wird überschätzt. Im (vorteilhaften) Unterschied zu Pilenko hat der Richter bei allseitigen Kollisionsnormen, deren Charakter als „Ariadnefaden" sich hier erweist, in der Verweisungskette einen festen Anhalt für seine Arbeit. Jedenfalls ist seine Arbeit nicht mühevoller und schwerfälliger als die von Pilenko[1]).

Die praktische Auseinandersetzung mit der Lehre Pilenkos ist damit abgeschlossen. Sie sei in folgende These gekleidet:

Ein spatialrechtliches System im Sinne Pilenkos ist, wo es die herrschende Lehre allseitiger Kollisionsnormen vielleicht zu entthronen ver-

---

[1]) Die vorliegende Arbeit geht davon aus, daß sich ein Richter zunächst an die Kollisionsnormen der lex fori zu halten hat. Diese in Deutschland allgemein herrschende Auffassung ist von Eckstein (a. a. O. ZAIP 8 [1934], S. 121 bis 147) in einer scharfsinnigen Analyse bekämpft worden. Ecksteins Gegenvorschläge (Begründung eines kollisionsrechtlichen Systems über den einzelstaatlichen IPR-Systemen) haben sich aber nicht durchzusetzen vermocht.

lohnte, kein spatialrechtliches System mehr und, wo es sich selbst treu geblieben ist, zur Entthronung des herrschenden Systems nicht berufen noch befähigt.

f) Anhang: Bemerkungen zur Kritik Pilenkos an den französischen Reformarbeiten

Die Kritik Pilenkos an Wollen und Wirken der französischen Kommission für die Reform des IPR ist äußerst scharf und geht über seine auch sonst kampfeslustigen und temperamentvollen Formulierungen erheblich hinaus. M. E. wird sie verständlich als Ausdruck der tiefen Enttäuschung eines Gelehrten, der gehofft hatte, sein Lebenswerk werde, von Niboyet verfochten, in einer der juristisch angesehensten Nationen die gesetzliche Krönung erfahren. Aus diesem Grunde findet auch Pilenkos Kritik ihre Spitze in den Bemerkungen gegen Niboyet.

M. E. hat Niboyet jedoch nicht in „feiger Gedanken bänglichem Schwanken" seine eigene Lehre im Stich gelassen, sondern im Verlaufe der gesetzgeberischen Arbeiten, insbesondere jener des Unterausschusses erkannt, daß die ziemlich geschlossene Gruppe der Mitarbeiter seine Lehre zwar nicht als verfehlt, aber doch als gefährlich und jedenfalls unausgereift ablehnte. Niboyet hat auch, wie insbesondere die stenographischen Niederschriften ergeben, mehrfach versucht, seiner Lehre Geltung zu verschaffen. Daß er es zu einem guten Teil wegen seiner Ablehnung des Revoi getan hat, ist sein gutes Recht. Im übrigen muß man bei seiner Haltung beachten, daß er als Mitglied eines ein Gesetz vorbereitenden Ausschusses nicht berufen war, seine eigenen Lehrmeinungen auf Biegen und Brechen zu verfechten, sondern zusammen mit anderen erfahrenen Rechtslehrern und -praktikern die für Frankreich im Augenblick denkbar beste gesetzliche Lösung schaffen sollte. Es spräche für Niboyet, wenn er sich im Hinblick auf diese Aufgabe zu Kompromissen bereit gesehen hätte. Nichts aber spricht gegen eine solche Annahme. Zur Annahme der Formel Houin fand sich Niboyet bereit, weil diese allseitige Anerkennung fand und weil er — Niboyet — der Auffassung war, daß auch seine Gedanken hinreichend berücksichtigt seien[1]). Im Gesamtausschuß hat sich Niboyet erst nach starkem Kampf mit Mazeaud der Mehrheit gebeugt.

Der Entwurf stellt sich in seiner letzten Fassung grundsätzlich auf den Boden allseitiger Kollisionsnormen. Seine Einzelausgestaltung steht hier nicht zur Erörterung.

3. Die Grundauffassung Pilenkos als Grundlage für die theoretische Auseinandersetzung

Für die theoretische Auseinandersetzung mit Pilenko muß sein System im Kern erkannt werden. Dieser läßt sich in 3 Punkten zusammenfassen:

1) Erwähnt sei hier hier, daß Lepaulle IPR a. a. O., S. 62—64 sogar der Meinung ist, zwischen ein- und allseitigen Kollisionsnormen seien, was die Ergebnisse anbelange, auf keiner Ebene Widersprüche zu verzeichnen. Dann stieße allerdings die vorliegende Arbeit offene Türen ein.

a) Das droit spatial als Summe der einseitigen Rechtsanwendungsnormen eines Staates folgt zwingend aus der Natur einer jeden materiellen Norm und fordert, daß nur (und alle) Rechte angewandt werden, die spatialrechtlich auch angewandt werden wollen.
b) Das droit spatial ist seinem Wesen und Zweck nach vom Kollisionsrecht zu scheiden; es kann nur Fälle fehlenden Konfliktes erfassen, während das Kollisionsrecht auf der Grundlage allseitiger Kollisionsnormen nur Konfliktsfälle zu lösen vermag. Diese Trennung führt zur Existenzberechtigung zweier getrennter Rechtsdisziplinen.
c) Da jedem Konflikt mindestens zwei Spatialrechte zugrunde liegen, ist das Spatialrecht Grundlage des Kollisionsrechtes, dessen Wirkungsgebiet es einschränkt.

Mit diesen Punkten hat sich die theoretische Auseinandersetzung zu befassen. Um dieser eine breitere, für alle Systeme einseitiger Kollisionsnormen gültige Grundlage zu verschaffen, sollen aber zunächst die übrigen Systeme einseitiger Kollisionsnormen in Kürze in ihrer praktischen Auswirkung gewürdigt werden. Im einzelnen können die Überlegungen weitgehend auf die Stellungnahme zu Pilenko Bezug nehmen.

II. Vivier

Die Darstellung der Lehre des französischen Anwalts Vivier hat diesen als Verfechter eines Systems einseitiger Kollisionsnormen ausgewiesen, der sich allerdings im Hinblick auf die Rechtspraxis scheut, der theoretisch allein als richtig erkannten Lehre ein umfassendes Empfehlungsschreiben auszustellen.

1. Praktikabilität des Systems

Vivier befaßt sich nur mit den Konfliktsfällen.

Der negative Konflikt wird von ihm — wie von Pilenko — durch Anwendung der lex fori gelöst, um die Rechtsverweigerung zu vermeiden. Diese Lösung läßt sich, wie in der Auseinandersetzung mit Pilenko gezeigt wurde, mit einem folgerichtig zu Ende gedachten System einseitiger Kollisionsnormen nicht vereinbaren, sie ist — gleichsam ein kollisionsrechtlicher deus ex machina — willkürlich und fördert Zufallsergebnisse, die von der Wahl des Prozeßstaates abhängen.

In Fällen positiven Konfliktes will Vivier dasjenige Recht anwenden, zu dem auch eine allseitige Kollisionsnorm den Richter geführt hätte. Er läßt dabei offen, ob er im Rahmen allseitiger Kollisionsnormen den Renvoi anerkennen würde. Diese Frage kann aber auch hier offen bleiben, weil Vivier jedenfalls insoweit das System einseitiger Normen verläßt. Nur einen einzigen Eingriff glaubt Vivier auch in Fällen des positiven Konfliktes und vor dem Rückgriff auf allseitige Normen rechtfertigen zu können. Einseitige Anknüpfungen, die „tellement artificielles" seien, sollen kraft des inländischen ordre public ausgeschaltet werden. Es läßt sich nicht verkennen, daß dieser Vorschlag dazu dienen soll, der Entstehung positiver Konflikte durch Ausscheidung bestimmter Anknüpfungen nach Möglichkeit vorzubeugen, um das Lösungsschema der einseitigen Kollisionsnormen anwendbar zu erhalten. So verständlich dieser Versuch ist, er ist nicht begründet. Außerdem könnte er natürlich nicht alle positiven Konflikte verhindern. Geht nämlich ein System vom unteilbaren Respekt vor den einseitigen Normen aller möglichen, als gleichwertig angesehenen Rechtssysteme aus, so können Überlegungen des ordre public höchstens der Anwendung irgendeines ausländischen materiellen Rechtssatzes im Wege stehen, aber nicht ausländischem Kollisionsrecht. Denn eine Bewertung ausländischer einseitiger Normen hat sich das System in seinen Grundsätzen versagt. Es erscheint auch recht fragwürdig, inwieweit schon die ausländische Kollisionsnorm als solche den Stempel der Anstößigkeit tragen kann, die Voraussetzung für die Heranziehung der op-Klausel ist.

In der Sache selbst hat Vivier durchaus das richtige Gefühl, daß die Beachtung ganz ungewöhnlicher Anknüpfungen juristisch und politisch äußerst unklug und eigentlich absurd ist. Allein, sein Lösungsmittel ist ungeeignet.

Im System von Vivier verbleiben als tragfähige Lösungen dieselben wie bei Pilenko.

Im Gegensatz zu Pilenko ist Vivier hinsichtlich der Vorteile der einseitigen Kollisionsnorm sehr kritisch. Natürlich fällt der Renvoi zumindest äußerlich fort. Dagegen, so meint Vivier, bleibe das Qualifikationsproblem im Rahmen jeder einzelnen Rechtsordnung erhalten[1]). Wegen des ordre public beläßt er es offenbar bei herkömmlichen Vorstellungen[2]). Im ganzen ist für ihn ein System allseitiger Normen für den Richter praktischer, nur scheint ihm dieses in einem Maße durchlöchert, daß es weithin einem System einseitiger Normen ähnlich sehe. Dazu beruft er sich auf den der allseitigen Kollisionsnorm fehlenden caractère impératif, définitif et générale.

Der letztere Vorwurf (Mangel an caractère générale) sei vorweg genommen. Er zielt dahin, daß z. B. französische Richter in der Frage der Anerkennung ausländischer Urteile teilweise von ausländischem IPR ausgingen, so daß französisches IPR nicht auf alle iprechtlichen Fälle angewandt werde, mithin nicht générale sei. Dieser Einwand überzeugt nicht. Eine Norm verliert nicht dadurch ihren „generellen" Charakter, daß sie in Fällen, die ihr nach dem Wortlaut des Gesetzes oder nach dessen Auslegung nicht überwiesen sind, nicht angewandt wird[3]). Auch ist nicht richtig, daß die Kollisionsnorm der einseitigen angenähert werde. In der Stellungnahme zu Pilenko ist gesagt worden, daß dessen Ergebnis in Vorfragen von dem Ergebnis der sogenannten unselbständigen Anknüpfung abweichen kann. Unselbständige Anknüpfung der Vorfrage aber ist ein Bei-

---

1) a. a. O. 53/674.
2) a. a. O. 53/671, 54/76.
3) Vgl. dazu Makarov a. a. O. Revue critique 1955, S. 433.

spiel gerade dafür, daß nicht eigenes IPR, sondern ausländisches IPR den Ausgangspunkt für die kollisionsrechtliche Entscheidung liefert. Der Unterschied zwischen Pilenko und der unselbständigen Anknüpfung der Vorfrage zeigt darum, daß ein Verzicht auf die Anwendung eigener iprechtlicher Normen nicht zum Ergebnis einseitiger Normen führt. Schließlich ist gegen Vivier einzuwenden, daß auch einseitige Normen den „caractère générale" verlieren können. Angenommen, ein Urteil sei im Staate X ergangen, weil sich die Rechtsordnung X einseitig für zuständig erklärt hat. Einseitig zuständig wäre an sich auch, wie unterstellt wird, die lex fori (Frankreich) gewesen (positiver Konflikt). Nach Vivier müßte die französische Praxis, stände sie auf dem Boden einseitiger Kollisionsnormen, auch in diesem Falle ausschließlich von der Rechtsordnung X ausgehen und die lex fori außer Betracht lassen. Dabei sei der Standpunkt von Vivier zugrunde gelegt, daß dieser positive Konflikt (zwischen inländischem und ausländischem Recht) in Frankreich an sich die Anwendung französischen Rechts gefordert hätte, unabhängig davon, ob man ihn qua positiven Konflikt der h. L. überläßt oder mit Hilfe des Vorrangs der französischen einseitigen Kollisionsnorm löst.

Der zweite Vorwurf (Mangel an caractère impérativ) trifft wohl schon deswegen nicht zu, weil die Frage, ob ein Richter ausländisches Recht von Amts wegen anzuwenden habe oder nicht, ihre Antwort stets jenseits der Struktur der Kollisionsnorm finden muß. Die Kollisionsnorm mag ein- oder allseitig gestaltet sein, immer ist der Rechtsordnung die Möglichkeit gegeben, sich für oder gegen eine Amtsanwendung ausländischen Rechts zu entscheiden. Bei dieser Sachlage läßt sich aber nicht davon sprechen, daß die allseitige Kollisionsnorm der einseitigen nahekomme, weil ausländisches Recht im Unterschied zu inländischem Recht nicht von Amts wegen angewandt werde. Denn mit dem gleichen Recht ließe sich anführen, daß auch im Rahmen einseitiger Normen inländisches Recht anders als ausländisches behandelt werde. Die Art der Auffindung und Anwendung ausländischen Rechts kann auf Strukturprobleme keinen Einfluß haben.

Der letzte Vorwurf (Mangel an caractère définitif) beweist ebenfalls nicht, was er beweisen soll. Zunächst ist ein System allseitiger Kollisionsnormen mit ausschließlichen Sachnormverweisungen denkbar, gegen das der Vorwurf von Vivier sicher nicht begründet ist. Bei Anerkennung des Renvoi ist dagegen richtig, daß die Verweisung der inländischen Kollisionsnorm auf ausländisches Recht nicht definitiv ist. Aber auch im Rahmen einseitiger Normen ist denkbar, daß sie nicht unmittelbar zur Anwendung eines materiellen Rechts führen, sondern zunächst auf ein internes Interlokalrecht verweisen. Zwar bliebe eine solche Verweisung innerhalb eines Staates; dies kann aber für die Beurteilung der Struktur einer Kollisionsnorm keinen Unterschied machen. Erst recht ist die einseitige Kollisionsnorm im Fall des ordre public nicht definitiv; der ordre public wird von Vivier aber nicht erwähnt.

Die beiden zuletzt behandelten Vorwürfe von Vivier führen auf eine grundsätzliche Frage zurück, nämlich die, ob im Rahmen allseitiger Kollisionsnormen deren beide „Flügel" (Verweisung auf eigenes und auf ausländisches Recht) in allen Punkten gleich zu behandeln sind und ob durch Verschiedenbehandlung die Einheitlichkeit der Norm verlorengeht. Diese hinter den beiden Vorwürfen, die allerdings in sich schon nicht zu überzeugen vermochten, durchleuchtende Frage stößt zum Kern der Natur der allseitigen Kollisionsnorm vor und wird im Rahmen der theoretischen Auseinandersetzung mit den Vertretern der einseitigen Kollisionsnorm aufgegriffen.

2. Die Grundauffassung Viviers als Grundlage für die theoretische Auseinandersetzung.

Auch Viviers Meinung läßt sich in drei Punkten zusammenfassen:

a) IPR vermag logisch seine Grundlage nur in einseitigen Kollisionsnormen zu finden, wenn und soweit es Grenzrecht ist. Es ist Grenzrecht, weil es Souveränitätskonflikte zu lösen bestimmt ist. Die Souveränität gebietet, daß keines Staates Recht anzuwenden ist, das nicht angewandt werden soll. Dieses Ziel aber kann nur einseitige Kollisionsnormen erreichen.

b) Ein- und allseitige Kollisionsnormen sind nach Natur und Zweck verschieden. Einseitige Normen sind Bestandteile des materiellen Rechts, allseitige nicht, einseitige lösen Fälle fehlender Konflikte (Grenzrecht), allseitige sind auf die Lösung der Konfliktsfälle beschränkt (Kollisionsrecht).

c) Ein System allseitiger Normen krankt wesentlich daran, daß es die beiden „Flügel" der Kollisionsnorm (Verweisung auf eigenes, Verweisung auf fremdes Recht) nicht folgerichtig gleichwertig behandelt.

Im Punkte b) stimmt Vivier mit Pilenko überein, im Punkte a) im wesentlichen und im Ergebnis auch; der Punkt c) bedeutet sachlich nur die Bestätigung des Punktes b), indem er den Widersinn der Gegenmeinung zu b) zum Ausdruck bringt. Die theoretische Auseinandersetzung kann darum Pilenko und Vivier weitgehend zusammen behandeln.

III. Sohn

Sohn ist ganz Praktiker. Er behandelt ausschließlich die Fälle des positiven und negativen Konflikts. Seine Ansicht, daß die lex fori zur Konfliktslösung ungeeignet ist, ist gegenüber Pilenko und Vivier ein Vorzug, weil sie den Versuch darstellt, systemadäquate Lösungen zu zeigen. Nun ist schon mehrfach gesagt worden, daß eine folgerichtige Lösung der Konfliktsfälle im Rahmen der einseitigen Kollisionsnormen nur entweder zur Anwendung mehrerer materiellen Rechte zugleich oder zur Rechtsverweigerung führen kann. Diese Lösungen bietet Sohn jedoch nicht an. Schon aus diesem Grunde fügt sich auch seine Lehre jedenfalls nicht nahtlos seinem System ein. Auch in den Einzelheiten vermag sie nicht zu befriedigen.

Zunächst ist nicht einzusehen, warum im Falle des positiven Konfliktes zwischen der lex fori und einem ausländischen Recht stets erstere anzuwenden sein soll. Die Begründung, ausländisches Recht sei erst anzuwenden, wenn eigenes nicht anwendbar sei, verläßt das System einseitiger Normen und deren Grundsätze, obwohl man Sohn recht geben wird, daß ein Richter kaum je auf den Gedanken kommen wird, noch andere Rechte zu prüfen, wenn eigenes Recht anwendbar ist, aber folgerichtig müßte er das tun.

Alle anderen Fälle des positiven Konfliktes löst Sohn durch Häufung der Anknüpfungsmerkmale. Liest man seine Lösungsvorschläge, so kann man sich kaum des Eindrucks mathematischer Zauberei erwehren. Iudex non calculat! Dieser angeblichen Schwäche eines Berufsstandes ließe sich nun gewiß abhelfen, indem man in Nachschlagewerken für jeden Konfliktsfall die (notfalls mehrfach gestufte) subsidiäre Anknüpfung durchführte und so dem Richter praktisch ein Rechenbuch mit Lösungen in die Hand gäbe. Auch ist mit Hilfe der Sohnschen Formel ein Entscheidungseinklang durchaus denkbar, wenn nur alle Richter genügend und übereinstimmend rechnen. Das mag zwar selten vorkommen, deswegen wäre diese Lehre aber noch nicht zu verwerfen; ebensowenig aus dem Grunde, daß sie jenseits eines Systems einseitiger Kollisionsnormen eine Lösung sucht, ohne auf ein System allseitiger Kollisionsnormen zurückzugreifen. Denn warum sollte man nicht trachten, ein den allseitigen Kollisionsnormen überlegenes System zu finden? Scheitern muß die Lösung Sohns aber wegen des Mißverhältnisses von Aufwand und Erfolg. Sie läuft hinaus auf Bewertungen. Eine Rechtsordnung wird vorgezogen, weil ihr im Rechengange mehr Anknüpfungspunkte zugefallen sind als der anderen. Dies ist eine Art Turnier, bei dem die Siegespalme derjenigen Rechtsordnung winkt, die am meisten Punkte (genauer: für die der Richter am meisten Punkte) zu sammeln verstand. Nun geht auch ein System allseitiger Kollisionsnormen, das zur Lösung positiver Konflikte antritt, auf Wertungen zurück, aber diese sind einheitlicher ausgerichtet als bei Sohn. Denn in der Lösungsskizze von Sohn können die „Punkte“ aus verschiedenen Rechtsordnungen stammen, so daß z. B. nicht etwa die Rechtsordnung notwendig siegt, die anzuwenden sich die Mehrheit der Staaten entschließen würde. Um wieviel einfacher ist demgegenüber ein System allseitiger Kollisionsnormen! Hier gibt es positive Konflikte in zwei Fällen, einmal zwischen der lex fori und dem ausländischen Recht (z. B. Frage der Geschäftsfähigkeit eines Deutschen mit Wohnsitz in Dänemark), zum anderen zwischen zwei ausländischen Rechten (z. B. die in Deutschland zu beurteilende Frage der Geschäftsfähigkeit eines Franzosen mit Wohnsitz [im englischen Sinne] in England). Im ersten Falle wäre deutsches Recht, im zweiten französisches anzuwenden. Zwar führt diese Regelung nicht zum Entscheidungseinklang, weil der dänische oder

der englische Richter anders entscheiden würde, aber m. E. kann dies — beschränkt auf die Fälle des positiven Konfliktes — eher hingenommen werden als die Lehre Sohn, die auch nur unter vagen Umständen zum Entscheidungseinklang führt, aber gespickt ist mit praktischen Schwierigkeiten. Sie gibt dem Richter Steine statt Brot, einmal ganz davon abgesehen, daß auch das Schema von Sohn in manchen Fällen keine Lösung erzielen kann, so daß der Richter nach langem Suchen auf die lex fori zurückgreift. M. E. sollten sich die Internationalprivatrechtler aller Länder eher noch bemühen, die Frage des Ausgleichs zwischen Staatsangehörigkeits- und Wohnsitzrechten zu klären als in — der Menge nach vielleicht ergiebiger, dem Erfolge nach aber — nutzloser Arbeit „cumulations" auszudenken.

Zugunsten Sohns kann auch nicht etwa, wie er selbst meint, ein Vergleich mit der Lösung in Fällen mehrfacher Staatsangehörigkeit angeführt werden. Greift man nämlich in Fällen mehrfacher (jedenfalls ausschließlich ausländischer) Staatsangehörigkeit z. B. noch auf Wohnsitz oder Aufenthaltsort, Volkstums- oder sonstige Verbundenheit der betreffenden Person mit einem der mehreren Staaten zurück, so dient dies der Verdichtung der Beziehung zu einem der Staaten, die allgemein in der Staatsangehörigkeit ihren Ausdruck findet. Da diese Beziehung die innere Rechtfertigung für die Anwendung des Heimatrechtes ist und für alle im Konflikt befindlichen Staaten gleichermaßen gilt, ist es gerechtfertigt, die insoweit wertvollste (weil engste) Beziehung herauszufinden. Diese Überlegung ist auf den Fall des positiven Gesetzeskonfliktes durchaus nicht übertragbar. Befinden sich z. B. in einer Erbfrage Heimat- und Wohnsitzstaat des Erblassers im Konflikt, so können fremde Anknüpfungsmerkmale weder die Beziehung zum Wohnsitz- noch zum Heimatstaat verdichten; denn beide Prinzipien beruhen auf verschiedenen Grundauffassungen und sind inkommensurabel. Mit anderen Worten: Beziehungen lassen sich durch Hilfsanknüpfungen verdichten, wenn es sich um die Entscheidung zwischen im Wesen übereinstimmenden Beziehungen handelt, nicht aber, wenn sich zwei Welten gegenüberstehen. So krankt m. E. der Vorschlag Sohns — abgesehen von praktischen Schwierigkeiten — im Grunde daran, daß das „Objekt der Wertung" (verschiedene Anknüpfungslage) für die Art der vorgenommenen „Wertung des Objekts" (Grundsatz der Verdichtung von Beziehungen) untauglich ist. Zwischen zwei Welten (z. B. Wohnsitz- und Staatsangehörigkeitsgrundsatz) kann man sich nur entscheiden, indem man eine von ihnen, so wie sie ist, vorzieht (Grundsatz der allseitigen Kollisionsnorm), nicht aber, indem man eine von ihnen durch fragwürdige Verschönerungskünste in ein — ebenso fragwürdiges — strahlenderes Licht zu rücken versucht.

Im Hinblick auf die Durchsetzbarkeit der gefundenen Entscheidung besteht zwischen einem System allseitiger Normen und der These von Sohn kein Unterschied. Sohn selbst sagt, daß sein Vorschlag zur Anerkennung wenigstens in einem der beteiligten Staaten führe; dieses Ergebnis aber erzielen allseitige Kollisionsnormen auch.

S o h n schlägt die Anhäufung von Anknüpfungsmerkmalen auch für n e g a t i v e K o n f l i k t e vor. Hier ist sein Vorschlag aber noch entschiedener zurückzuweisen. Denn zusätzliche Anknüpfungsmerkmale können (zwar auch nicht die Verdichtung von verschiedenartigen Beziehungen herstellen — so beim positiven Konflikt —, aber erst recht) nicht die Beweggründe für eine Ablehnung eigener Zuständigkeit bewerten. Knüpft z. B. der Wohnsitzstaat A einer Person an das Heimatrecht und der Heimatstaat B an das Wohnsitzrecht an (negativer Konflikt), so läßt sich nicht einsehen, daß z. B. der Umstand, daß ein Testament im Staate A errichtet wurde, zur Anwendung des Rechtes A führen könnte. In Fällen des negativen Konfliktes würde sich zudem der Eingriff in die Souveränität, den die Vertreter einseitiger Normen verbieten, noch stärker ausprägen als in positiven Konflikten, bei denen immerhin nie ein Recht angewandt würde, das nicht angewandt sein wollte.

Den theoretischen Standort S o h n s festzulegen, ist nicht leicht, weil er sich ausschließlich praktischen Fragen widmet. Da er auf S c h n e l l und N i e d n e r Bezug nimmt, deren System er beleben will, läßt sich wohl annehmen, daß er auch deren theoretischen Ausgangspunkt teilt. Im Rahmen der theoretischen Auseinandersetzung kann darum S o h n zusammen mit S c h n e l l und N i e d n e r behandelt werden.

IV. Niboyet

Auch N i b o y e t beschränkt die Darstellung im wesentlichen auf die Konfliktsfälle.

Den n e g a t i v e n K o n f l i k t löst er durch Anwendung der lex fori. Für ihn stellt sich jede Anwendung ausländischen Rechts als Ausnahme dar, so daß, wenn die Voraussetzungen der Ausnahme nicht erfüllt sind, französisches Recht in Rückkehr zur Regel anwendbar wird. Weist man auf diese Weise dem ausländischen Recht ein begrenztes Wirkungsfeld zu, dann scheint die Regel-Ausnahme-Begründung folgerichtig zu sein. Allein, eine solche Auffassung, die man schlagwortartig nationalistisch nennen mag, verträgt sich kaum mit einem zu Ende gedachten System einseitiger Kollisionsnormen, das einen einheitlichen Respekt vor allen Rechtsordnungen voraussetzt. Man gewinnt den Eindruck, daß N i b o y e t zu einem System einseitiger Normen nur gegriffen hat, weil es ihm technische Vorzüge — insbesondere die Überwindung des leidigen Renvoi — zu versprechen schien, daß ihm aber entgangen ist, wie wenig sich ein solches System nach Natur und Zweck mit der Regel-Ausnahme-Auffassung von der Anwendung eigenen und ausländischen Rechts verträgt. Denn ein ausländischer Herrschaftsanspruch kann nur dann auf eine Ausnahmetätigkeit herabgesetzt werden, wenn man das Wirkungsfeld ausländischen Rechts im Inland bestimmt. Zu einem solchen Urteil ist in einem System allseitiger Kollisionsnormen Raum, weil es darauf fußt, daß dem ausländischen Recht im Inland der Platz gewiesen wird. Ein System einseitiger Normen verzichtet aber auf solche Anweisungen, es überläßt diese Bestimmung ausländischem Recht, also muß es dem ausländischen Recht auch die Bestimmung darüber zugestehen, ob dieses regelmäßig oder ausnahmsweise herrschen will. Natürlich könnte Niboyet dem eigenen Recht gesetzlich ein so weites Feld abstecken, daß für ausländisches Recht kaum Raum bleiben würde, aber er kann nicht auf der Grundlage einseitiger Normen die Anwendung ausländischen Rechts als Ausnahmeerscheinung erklären. Gegen die Begründung Niboyets für die Anwendung der lex fori in Fällen des negativen Konflikts treffen darum dieselben Vorwürfe zu, die gegen Pilenko und Vivier erhoben wurden.

In Fällen des positiven Konflikts schlägt Niboyet die Anwendung des dem eigenen am nächsten stehenden ausländischen Rechts vor. Dieser Vorschlag entspricht der spatialrechtlichen Lösung des positiven Konflikts durch Pilenko und setzt sich damit den gegen Pilenko vorgetragenen Einwänden aus[1]).

Die Lösungsvorschläge von Niboyet gehen mithin über die von Pilenko und Vivier nicht hinaus.

Dogmatisch gehört Niboyet zu jenen Vertretern des Systems einseitiger Kollisionsnormen, die im Souveränitätsgedanken die Rechtfertigung der einseitigen Normen finden.

V. Schnell und Niedner

Diese beiden deutschen Juristen stimmen in ihren praktischen Vorschlägen und ihrer theoretischen Einstellung überein. Nach dem Grundsatz „Anwendung des anwendbaren Rechts" wenden sie entweder die (anwendbare) lex fori oder ein (anwendbares) ausländisches Recht an.

Für den positiven Konflikt will Schnell das Recht entscheiden lassen, dessen einseitige Kollisionsnormen den eigenen entsprechen, den negativen Konflikt behandelt er nicht. Niedner gibt für „alle Konfliktsfälle" die Lösungsformel: Anwendung des Rechts, dessen IPR dem eigenen entspricht.

Beide Vorschläge laufen in Fällen des positiven Konflikts auf ein System allseitiger Kollisionsnormen hinaus, das ausschließlich Sachnormverweisungen kennt; sie verlassen mithin das System einseitiger Normen und suchen bei allseitigen Zuflucht; an diesem Ergebnis vermag auch die Formulierung nichts zu ändern. Beide Formeln lassen einen überdies im Stich, wenn keines der im Konflikt befindlichen Rechte den Kollisionsnormen des Forums zu entsprechen vermag. Bei Niedner ist weiterhin nicht klar ersichtlich, ob sein Vorschlag auch für den negativen Konflikt gelten soll. Das könnte z. B. zu folgendem Ergebnis führen: Die Geschäftsfähigkeit eines Dänen mit Wohnsitz in Frankreich ist in Deutschland zu beurteilen. Weder dänisches noch französisches noch deutsches Recht ist anwendbar, da die entsprechenden Anknüpfungsmerkmale nicht verwirklicht sind. Die Formel von Niedner würde zur Anwendung französischen Rechts führen, weil

[1]) Vgl. oben S. 70—72.

dessen einseitige Kollisionsnorm der deutschen entspricht (Anknüpfung an Staatsangehörigkeit). Der Eingriff in die französische Souveränität — ein Grundübel nach Niedner — ist offensichtlich. Zugunsten Niedners sei darum unterstellt, daß er unter „alle Konflikte" nur die positiven verstanden wissen wollte.

Auch diese beiden Systeme führen mithin über das von Pilenko nicht hinaus.

Für alle Systeme einseitiger Kollisionsnormen muß es darum bei dem in der Auseinandersetzung mit Pilenko gefundenen Ergebnis verbleiben: Ein System einseitiger Normen, das die eigene Folgerichtigkeit nicht einbüßen will, vermag nur die — zweifelsfreien — Fälle zu decken, in denen entweder nur die lex fori oder nur ein ausländisches Recht anwendbar ist.

Dogmatisch teilen Schnell und Niedner die Souveränitätsargumente Niboyets.

VI. Vergleichende Beurteilung der praktischen Ausgestaltung der Systeme von Pilenko, Vivier, Sohn, Niboyet, Schnell und Niedner

Von Einzelheiten abgesehen, stehen die Systeme der Vertreter einseitiger Kollisionsnormen in ihrer praktischen Ausgestaltung auf demselben Grund. Sucht man nach Verschiedenheiten dieser gewiß sehr verschiedenartig profilierten Gelehrten und Praktiker, so muß man sie in ihrer Einstellung zum eigenen System suchen. Ein Vergleich mit einem Neubau — ein solcher liegt wohl vor — möge dies verdeutlichen, sit venia comparationi: Niboyet ist der erfahrene akademische Architekturlehrer, verwurzelt in herkömmlichen Anschauungen, aber von Zukunftsplänen gefesselt. Als Bauherr von kämpferischem Temperament und unerbittlicher Zähigkeit besteht Pilenko auf Einführung eines neuen Baustils, von dem er aber — gefangen von dem Reiz der Klarheit und Einfachheit der neuen Linienführung — nicht merkt, daß der Bau nicht stilgerecht bleiben kann und sich der Landschaft nicht hinreichend vorteilhaft anzupassen vermag. Ihm zur Seite steht als vorzüglicher Architekt und Praktiker Vivier, der zwar die neuen Pläne für bestechend hält, der ihre Ausführung aber den Praktikern nicht zumuten mag und dem herkömmliches Stilempfinden ungebrochen wertvoll erscheint. Sohn stellt sich dar als der gebildete Handwerker, der in Mußestunden mit Zirkel und Rechenschieber ein Teilproblem des großen Neubaus der Ideallösung zuzuführen versucht, über seinen Bemühungen aber den Blick für die übrigen Teile verliert und so unbewußt und ungewollt die Harmonie der Gesamtkonstruktion trübt.

In diesem Bild kommt vielleicht schon ein wesentliches Merkmal zum Ausdruck, das alle diese Systematiker trotz einzelner Verschiedenheit verbindet. Alle bleiben in ihrem System gefangen und verlieren den Blick, den ihnen ein höherer Standort verschaffen könnte. Mit allem Mut des folgerichtigen Denkens lösen sie die anfallenden Sachverhalte nach dem

Gesetz, nach dem sie angetreten sind, d. h. deduktiv. Haben sie einmal den Ausgangspunkt geklärt — Souveränitätskonflikt (so Schnell, Niedner, Sohn, Niboyet, auch Vivier) oder Normstruktur (so Pilenko, aber auch Vivier), dann trägt sie kein Blick, kein Argument, kein Zweifel mehr aus der eingeschlagenen Bahn. Niemand vermag ihnen die Brillanz und die Konsequenz abzusprechen, deren eine juristische Technik überhaupt fähig ist, aber sie bleiben Techniker. M. a. W.: allen Systematikern der einseitigen Kollisionsnorm fehlt wesentlich die rechtspolitische Überlegung, die jeden Denkvorgang ständig kontrollieren sollte. So kranken diese Systeme trotz aller Geschlossenheit an einem Mangel rechtspolitischer, mithin wertender Stellungnahme an entscheidenden Punkten. Kaum einmal findet sich eine Überlegung, ob das Ergebnis, zu dem das System gelangen mußte, als wertvoll, gerecht und billig anzusprechen sei, ob man es als gerechter als jenes der h. L. von den allseitigen Kollisionsnormen ansehen könne, ob das System als solches möglichst vielen Lösungen Einheitlichkeit und Harmonie zu verschaffen vermöge, ob es sich auf die obersten Ziele des IPR — wie immer man diese auch formulieren möge, in bloßer Folgerichtigkeit dürften sie ihr Maß gewiß nicht finden — einstelle und sie zu erreichen trachte. Es ist wohl bezeichnend, daß solche Überlegungen — in geringer Zahl — eigentlich nur bei Vivier zu finden sind, der sich mit der Diskrepanz zwischen theoretischer Anlage und praktischen Auswirkungen der einseitigen Normen abmüht, und daß gerade Vivier als der große Zweifler dieses Systems angesprochen werden muß. Im ganzen stellen sich diese Lehren einseitiger Kollisionsnormen als Grundlage des IPR dar als Verzicht auf die rechtspolitische Stellungnahme als einer Möglichkeit, das Rechtsgefüge des IPR bewußt durch Wertvorstellungen und Wertentscheidungen zu steuern und inhaltlich zu prägen. Es gibt zu denken, daß dieser Verzicht weitgehend durch das auf Deduktion angelegte System selbst verursacht wird. Nach Kegel[1]) bedeutet es statt der Bezeichnungen juristisch-technisch und rechtspolitisch nur eine andere Wendung, wenn man von Begriffs- und Interessenjurisprudenz spricht. Diese Wendung überzeugt. Damit würden die Lehren von der einseitigen Kollisionsnorm in einen der Hauptkämpfe hineingestellt, die von der Jurisprudenz des 20. Jahrhunderts ausgefochten werden, nämlich in die Auseinandersetzung zwischen einer juristisch-begrifflichen Wissenschaft rein um ihrer selbst willen und einer juristischen Wertwissenschaft. Nun ist heute gewiß nicht die Interessenjurisprudenz vollkommen ablösend an die Stelle der Begriffsjurisprudenz getreten. Dieser bleiben vielmehr weite Gebiete zur ausschließlichen Erforschung überlassen, wie z. B. die Strukturforschung[2]). Allein, die Frage ein- oder allseitige Kollisionsnormen ist nicht eine ausschließliche Frage der Struktur der

---

[1]) Lewald-FSchr. a. a. O. S. 259.

[2]) Vgl. Kegel Lewald-FSchr. a. a. O., S. 280, 286.

Kollisionsnorm, sondern greift tief in Natur und Methodik des IPR ein, weil ihre Antwort die allgemeine Einstellung einer Rechtsordnung zur Lösung iprechtlicher Sachverhalte offenbart.

So scheint eine gewisse Tragik aller Systeme einseitiger Kollisionsnormen darin zu liegen, daß sie sich folgerichtig einer begriffsjuristischen Methode verschreiben müssen, obwohl das erstrebte Ziel die Anwendung interessenjuristischer Mittel fordert. Die Einsicht in diesen Zwiespalt gilt es nunmehr in der theoretischen Auseinandersetzung zu vertiefen.

C. Stellungnahme zu den theoretischen Grundlagen der Systeme einseitiger Kollisionsnormen

I. Vorbemerkung

Dogmatisch lassen sich die Systeme einseitiger Kollisionsnormen in zwei Gruppen zusammenfassen. Schnell, Niedner (und damit Keidel und Edelmann, wohl auch Sohn), Niboyet und auch Vivier sehen als Grundlage des IPR die Lösung des Souveränitätskonflikts. Für Pilenko (zum Teil auch für Vivier) ergibt sich die notwendige Einseitigkeit der Kollisionsnormen aus der Struktur der materiellen Norm selbst.

Will man zu diesen Auffassungen eine grundsätzliche Stellung einnehmen und sich dafür in der Literatur um Rückhalt bemühen, so sieht man sich einer Flut kluger Gedanken gegenüber, die indes eine einheitliche Strömung weithin vermissen läßt. Soviel Häupter, soviel Sinne! Es scheint kein anderer Ausweg zu bleiben, als durch geschickte, aber willkürliche Auswahl von Zitaten eine vorgefaßte Meinung zu belegen oder aber ein völlig neues iprechtliches Gedankengebäude zu errichten. Zwischen dieser Scylla gedankenarmen Epigonentums und der Charybdis eines fragwürdigen Neubaus soll hier ein Mittelweg eingeschlagen werden. Das weite Feld iprechtlicher Auseinandersetzungen soll, soweit es überhaupt den Gegenstand dieser Arbeit deckt, zunächst eingeschränkt werden, indem solche Lehren, die sich als Deduktionen aus postulierten oder unbewiesen gebliebenen Prämissen erweisen, ausgeschieden werden, so daß ein Vorstoß zu den eigentlichen tragfähigen Grundanschauungen erleichtert wird (Abschnitt II). Zwischen diesen letzteren soll dann durch vorsichtige Sondierung entschieden werden (Abschnitt III). Dieses Verfahren wird insbesondere herausstellen können, ob die Grundlagen der Systeme einseitiger Kollisionsnormen schon in Abschnitt II ausscheiden oder erst in Abschnitt III zur Entscheidung anstehen. Auf dieses Ziel ist die folgende Darstellung abgestimmt. Sie kann und will nicht den Anspruch erheben, grundsätzlich Neues zu erarbeiten, sondern dient allein dem Zweck, die Grundlagen der Systeme einseitiger Kollisionsnormen gegen die Grundlagen eines Systems allseitiger Normen abzuwägen und auf diese Weise die praktische Auseinandersetzung zu ergänzen.

II. Ausscheidung nicht tragfähiger Grundlagen

1. Völkerrechtliche Grundlage des IPR.

Das IPR trägt seine Wirkungen gewiß über staatliche Grenzen hinaus. Die Diskrepanz zwischen der durchweg innerstaatlichen Normquelle und der „überstaatlichen Normfunktion" hat immer wieder zu der Anschauung geführt, das IPR stehe auf völkerrechtlicher Grundlage oder müsse jedenfalls auf diese gestellt werden. Das großartigste System dieser Art ist von Zitelmann entwickelt worden. Es hat sich nicht durchzusetzen vermocht. Zitelmann selbst hat in einer Selbstdarstellung seiner Lehre zugegeben[1]), daß seinem System ein noch unentwickeltes Völkerrecht zugrunde liege. In jüngster Zeit ist ihm ein entschiedener Anhänger in dem Schweizer Rechtslehrer Niederer erwachsen. Für diesen findet das IPR seine Grundlage in der völkerrechtlichen Anerkennung der einzelstaatlichen Wirkungsbereiche, seine Normen sind völkerrechtliche Kompetenznormen[2]). Obzwar staatlicher Herkunft, sei das IPR seiner Aufgabe nach dem Völkerrecht zuzuordnen, es trage mithin Doppelcharakter[3]). Niederer begründet diese Ansicht ausschließlich damit, daß die iprechtliche Norm als allseitige Abgrenzungsnorm über den abzugrenzenden Materien stehen müsse, wenn sie nicht den Charakter als Abgrenzungsnorm verlieren solle[4]). Verliere sie nämlich diesen Charakter, dann sei sie nur noch entweder als einseitige Grenznorm oder als Inkorporationsnorm verständlich[5]), wobei im ersteren Falle ein System einseitiger Normen zur Selbstaufgabe des IPR (dessen Aufgabe gerade die Anwendung fremden Rechts sei) und der letztere Fall zur ad hoc-Rezeption fremden Rechts führen müßten.

Diese Lehre überzeugt nicht. Sie baut auf unbewiesenen Voraussetzungen auf. Ihr Postulat ist die Behauptung, IPR wolle „über den Rechtsordnungen" deren Anwendung bestimmen. Diese Behauptung aber gilt es zunächst zu beweisen. Das hat Niederer nicht getan. Seine unbewiesene Behauptung führt aber auch durch Deduktion nicht einmal zu dem Ergebnis einer völkerrechtlichen Grundlage des IPR; denn Niederer hat die von ihm selbst zugelassenen Gegenmeinungen (einseitige Grenz- und Inkorporationsnorm) nicht widerlegen können, wobei an dieser Stelle noch dahinstehen mag, ob z. B. die Inkorporationsnorm den Gegensatz zur Abgrenzungsnorm darstellt[6]).

Selbstverständlich ist ein lückenloses völkerrechtliches (auf internationalen Verträgen beruhendes) System des IPR denkbar, das in wenigen oder auch zahlreichen Normen die Anwendung in- und ausländischen Rechts für alle

---

1) Wie Staudinger-Raape a. a. O., S. 56 mitteilt.
2) Allgemeine Lehren a. a. O., S. 126, 128, 134, 142—146.
3) So bes. Allg. Lehren a. a.O., S. 134, 142—146.
4) Allg. Lehren S. 124 u. Schweiz. Jb. f. Int. Recht. a. a. O. 1948, S. 63 f.
5) Allg. Lehren S. 125—127 u. Schweiz. Jb. S. 72.
6) Vgl. dazu unten S. 112 f.

Staaten regelt. Es kann aber nicht zweifelhaft sein, daß ein solches System nicht besteht. Darüber hinaus aber ist die Behauptung, das Völkerrecht sei die Grundlage des IPR, nicht beweisbar, oder, soweit beweisbar, ohne nützliche Auswirkungen auf die Natur des IPR. Denn beweisbar ist höchstens, daß das Völkerrecht an das IPR jedes Einzelstaates gewisse Forderungen stellen kann[1]). Ganz allgemein wird man vielleicht auch die „völkerrechtliche Gemeinschaft unter unabhängigen Staaten"[2]) als — stärker moralisch als rechtlich wirkenden — Hintergrund des nationalrechtlichen Systems des IPR auffassen können. Aber durch diesen Beziehungspunkt — es steht selbstverständlich jedem frei, auch darin eine „Grundlage" des IPR zu sehen — ist das IPR noch nicht in ein festes Verhältnis zum Völkerrecht gerückt, ebensowenig, wie z. B. einzelne Verträge über IPR eine völkerrechtliche Quelle beweisen[3]). Im geltenden Recht — es scheint, daß es noch sehr lange gelten wird — ist das Völkerrecht jedenfalls keine tragfähige Grundlage für das IPR. Das ist die ganz überwiegende Auffassung[4]).

Eine Erklärung für die Versuche, dem IPR eine völkerrechtliche Grundlage zu sichern, ist wohl nicht schwer. Die Diskrepanz zwischen den staatlichen Quellen und den überstaatlichen Auswirkungen der iprechtlichen Normen scheint in ein Dilemma führen zu müssen. Wer die Fülle sich widersprechender Lösungsvorschläge im heutigen IPR sieht, fühlt sich — von einer wie auch immer bestimmten Vorstellung idealer Lösungen gefangen — gedrängt, das Ideal zu verwirklichen und sieht sich daran von der Rechtswirklichkeit gehindert. Es kann nicht verwundern, wenn solche Lagen zu Formulierungen führen, die das Aussehen haben, als bestehe schon eine tragfähige internationale Ordnung als Grundlage für das IPR. In Wirklichkeit sind solche Formulierungen Scheinlösungen, weil sie mit postulierten Voraussetzungen arbeiten. Sie sind m. E. auch gefährlich, weil sie den Blick von der Wirklichkeit ablenken, ihn durch nebulose Hinweise trüben und so schließlich der Überwindung vorhandener Schwierigkeiten im Wege stehen. Wir müssen also für eine Lösung der Frage ein- oder allseitige Kollisionsnormen als Grundlage des IPR darauf verzichten, die Grundlage im Völkerrecht zu finden.

---

1) Vgl. z. B. völkerrechtlich: Roß a. a. O., S. 163, u. iprechtlich: Grundlegend Makarov a. a. O. Mélanges Streit, der S. 537—546 einen Überblick über die verschiedenen Meinungen zum Ausmaß völkerrechtlichen Einflusses auf Gestalt und Inhalt des IPR gibt und S. 551—555 die nachweisbaren Mindestforderungen des Völkerrechts an das IPR untersucht; vgl. ferner z. B. Wolff IPR a. a. O. S. 9 bis 12 und Rundstein a. a. O., S. 544—546.

2) So schon Savigny, System a. a. O., Bd. VIII, S. 29.

3) Treffend m. E. Mezger in der Bespr. v. Wiebringhaus, Beitrag zur Lehre vom Gesetze der funktionellen Verdoppelung innerhalb einer universalistischen Theorie des Internationalprivat- und Völkerrechts, in Rev. crit. de Droit int. privé 1954, S. 649, wo Mezger — S. 648 — auch kurz und treffend die Lehre von der Doppelfunktion des IPR als unergiebig ablehnt.

4) Z. B. Raape IPR S. 12—14; Beitzke a. a. O. Smend-FSchr. S. 15; Bühler a. a. O. Wolff-FSchr. S. 201; Roß a. a. O. S. 72; Niboyet a. a. O. Cours S. 55; Rheinstein a. a. O. Rabel-FSchr. S. 581; Habicht S. 9; Niemeyer Vorschläge a. a. O., S. 29; Müller a. a. O., S. 312.

2. IPR als Lösung von Souveränitätskonflikten

In die Nähe der völkerrechtlichen Anschauung ist jene andere zu stellen, die in der Anwendung eines materiellen Rechts gegen den Willen der zugehörigen Kollisionsvorschriften einen Eingriff in fremde Souveränität sieht: Schnell, Niedner (und damit Edelmann und Keidel), Niboyet, Vivier, wohl auch Sohn. Zur Vermeidung solcher Verstöße erscheint diesen Systematikern der Rückgriff auf einseitige Kollisionsnormen geeignet und geboten. Diese Auffassung wird hier im vorliegenden Abschnitt II gewürdigt, weil sie ihre These ebenfalls unbewiesen an die Spitze aller Deduktionen stellt. Denn nicht einer dieser Schriftsteller geht der Frage nach, worin dieser Souveränitätseingriff bestehen kann.

a) Zunächst ist bezweifelbar, daß die These „nicht anwendbares Recht darf nicht angewandt werden" nur von einem System einseitiger Kollisionsnormen erfüllt werden kann. Auch in einem System allseitiger Normen läßt sich dieses Ziel erreichen. Erkennt man nämlich Rück- und Weiterverweisung weitgehend an, dann ist durchaus möglich, daß nur solche Rechte angewandt werden, die selbst die Anwendung auch vorsehen, oder daß es zur Anwendung der lex fori kommt, zu der auch die Vertreter einseitiger Normen hilfsweise greifen. Ein solches Ergebnis ist gewiß ein Ideal, ob man von ein- oder allseitigen Normen ausgeht, weil es einen wesentlichen Schritt auf dem Wege zum Entscheidungseinklang bedeutet. Allerdings ist den Vertretern der einseitigen Normen zuzugeben, daß ihre These mit geringerem Aufwand verwirklichbar ist. Denn bei allseitigen Normen gilt es immerhin jede Sachnormverweisung und u. U. den Abbruch der Rückverweisung zu vermeiden. Dieser Schwierigkeiten wegen mag davon ausgegangen werden, daß allseitige Kollisionsnormen tatsächlich zur Anwendung eines Rechts führen können, das selbst die eigene Anwendung nicht vorsieht, daß mithin allseitige Normen nach Auffassung von Schnell, Niedner, Philonenko, Niboyet und Vivier u. U. in fremde Souveränität eingreifen.

b) Ist aber eingeräumt, daß allseitige Normen an sich zur Anwendung von Rechten führen können, die selbst diese Anwendung nicht vorsehen, so muß sich ein System einseitiger Normen dieselbe Prüfung gefallen lassen. Wird es aber wirklich den eigenen Prämissen in allen Fällen gerecht? Abgesehen sei dabei von Fällen falsch verstandener ausländischer Normen; denn insoweit handelt es sich um ein zusätzliches psychologisches Problem der Rechtsanwendung durch den Richter, nicht aber um das Problem der Souveränitätsverletzung selbst. Zu überlegen ist die Frage indes für die Fälle des Konflikts. Ist nämlich die Anwendung nicht anwendbaren Rechts Eingriff in die Souveränität, dann ließe sich behaupten, daß die Nichtanwendung anwendbaren Rechts es ebenfalls sei. Denn beruht ein System auf dem Grundsatz, daß jeder Staat die Anwendung seines Rechts bestimmt und daß dieser Wille zu respektieren ist, dann ist dieser Grundsatz verlassen, ob nun nicht anwendbares Recht angewandt oder aber anwendbares

Recht nicht angewandt wird. In allen Fällen des negativen Konflikts bedeutet ferner die Anwendung der lex fori einen solchen Eingriff; denn die lex fori war nicht zuständig. Ihre Zuständigkeit hilfsweise anzunehmen, ist eine Scheinbegründung und ein systemwidriger Notbehelf, der lediglich den Verstoß gegen den Grundsatz verdeckt. Ganz deutlich wird ein solcher Eingriff dann, wenn man annimmt, einseitige Kollisionsnormen könnten nicht alle iprechtlichen Fälle lösen, wie dies auch alle Vertreter der einseitigen Norm in Fällen des positiven Konflikts tun. M. E. muß — wie schon ausgeführt — der Rückgriff auf allseitige Kollisionsnormen auch in Fällen des negativen Konfliktes erfolgen. Er würde dann aber bedeuten, daß das Wirkungsfeld für die einseitige Norm enger wird. Da indes als allgemeiner Grundsatz für das (ungeteilte) IPR die Lösung des Souveränitätskonfliktes angesehen wird, wird mithin eine Lehre aufgestellt, die nur zu einem Teil den von ihr aufgestellten obersten Geboten des IPR gerecht werden kann. Für diese Lehre muß das weite Gebiet der Konflikte iprechtlichen Ausnahmecharakter annehmen. Eine solche Lehre, die nur zu einem (vielleicht kleinen, vielleicht großen) Teil ihre Grundsätze verwirklicht und den Rest als Ausnahmefälle praktisch des Feldes verweist, gibt zu Zweifeln Anlaß, weil sie in sich fragwürdig wird. Dieser Vorwurf trifft nicht Pilenko, weil er im Souveränitätskonflikt nicht die Grundlage des IPR sieht, sondern Niboyet, Vivier, Schnell und Niedner.

Diese Feststellung enthebt natürlich nicht der Pflicht, nachzuprüfen, ob die Anwendung nicht anwendbaren Rechts Eingriff in die Souveränität ist.

c) Ein ausschließlich auf einseitige Kollisionsnormen gestelltes iprechtliches System ist innerhalb der erfaßbaren größeren Rechtsordnungen nicht zu finden. M. a. W.: Regelmäßig sind die iprechtlichen Systeme so beschaffen (auf der Grundlage allseitiger Kollisionsnormen), daß sie nach der hier zu würdigenden Auffassung zu Eingriffen in die Souveränität fremder Staaten führen. Diese Tatsache drängt geradezu zu einem polemischen Argument, das der Leser verzeihen möge: Eine Souveränitätsverletzung, die trotz täglicher Verwirklichung in aller Herren Länder noch nie auch nur das geringste Stirnrunzeln des subalternsten Diplomaten hervorgerufen hat, wiegt zweifellos nicht sonderlich schwer. Im Grunde ist aber dieses Argument nicht einmal so polemisch wie es scheinen mag. In einer Zeit, in der die Staaten trotz vieler gegenteiligen Lippenbekenntnisse mit Bedacht und Intensität ihre Souveränitätsrechte wahren, in der im IPR, wie Lewald schon 1929[1]) gesehen hat, die Kodifizierungsbewegung zunehmend den Charakter einer „nationalisation des règles de conflit" zeigt, sollte eine ständige Souveränitätsverletzung seit Jahrzehnten ohne Erwähnung auf einer der zahlreichen Konferenzen und ohne jede Behandlung geblieben sein? So ist man geneigt, Gutzwiller[2]) zu glauben, nach dem

[1]) a. a. O. Rec. 1929, S. 520 f.

[2]) IPR a. a. O., S. 1541; ähnlich im Ergebnis Frankenstein a. a. O. I 34.

das Souveränitätsargument zu erfinden dem begrifflichen Scharfsinn des 19. Jahrhunderts übrig blieb. Ebenso scharf meint Yntema[1]), das die unbarmherzige Logik der Souveränitätsdogmatiker das IPR an den Rand des theoretichen Chaos zu drängen drohe; das Argument vom Souveränitätskonflikt verwirre zumindest die Problematik des IPR, die nicht vom Machtbereich des Politischen herkomme, sondern Suche nach dem gerechten Ausgleich „individueller Interessen" bedeute[2]). Richtig sieht auch Vivier[3]), daß jedenfalls für den Praktiker die Frage des Souveränitätskonfliktes im Hintergrund steht.

d) Es sei noch ein weiteres mittelbares Argument angeschlossen. Das Völkerrecht kann gewisse Anforderungen an das IPR stellen. So besteht z. B. die Frage, welche Mindestgebote für die Anwendung ausländischen Rechts gelten müssen[4]). Mithin taucht das Problem einer völkerrechtswidrigen Ausgestaltung des IPR durchaus in der Frage auf, ob ein Staat nur eigenes Recht anwenden dürfe, weil dies seiner Souveränität entspreche[5]). Dies rechtfertigt die Frage, ob nicht die völkerrechtliche Pflicht, ausländisches Recht anzuwenden, Eingriff in die eigene Souveränität bedeutet. Die Frage wird erfreulicherweise heute nicht mehr behandelt. Die Frage dagegen, ob Anwendung ausländischen Rechts, die in gewissem Maße gerade völkerrechtliche Pflicht sein kann, Eingriff in fremde Souveränität ist, bewegt die Gemüter, ihre Bejahung wird für Schnell, Niedner, Niboyet und Vivier sogar zur Grundlage des Systems. Doch genug der mittelbaren Überlegungen!

e) Die Völkerrechtler lehren, daß es kaum ein Gebiet von größerer Unklarheit und Verwirrung gebe als den Begriff der Souveränität[6]). Als gesicherte Erkenntnis wird man annehmen können, daß souverän ein Staat ist, der Selbstherrschaft, Handlungsfähigkeit und Handlungsfreiheit besitzt[7]). Die Aufstellung einer Rechtsordnung gehört fraglos zu den Maßnahmen eines souveränen Staates.

Die Tatsache, daß Rechtsnormen eines fremden Staates übernommen werden, kann ein Eingriff in die Souveränität sicher noch nicht sein. Denn die Rezeption eines Rechts vermag einen Staat nicht zu verletzen, sie wird ihn sogar regelmäßig erfreuen. Dies liegt daran, daß der rezipierende Staat keinen Einfluß auf fremdes Staatsgebiet, fremdes Staatsvolk und fremde Herrschaftsbeziehungen als den Grundelementen des souveränen

---

[1]) a. a. O. Lewald-FSchr. S. 531.

[2]) S. 516.

[3]) a. a. O. 54/87, ähnlich Bonnichon Rev. critique a. a. O. 1950, S. 23, der die Idee des Souveränitätskonfliktes im IPR zwar nicht als falsch, aber als „stérile, inféconde" bezeichnet.

[4]) Vgl. z. B. Roß Völkerrecht a. a. O., S. 163 f., Wolff IPR S. 9—12; auch von Bar a. a. O., Bd. I, S. 5.

[5]) Vgl. Maridakis a. a. O. Lewald-FSchr. S. 313 f.

[6]) Roß a. a. O., S. 34.

[7]) Roß a. a. O., S. 45; Verdroß Völkerrecht a. a. O., S. 8.

Staates nimmt, wie er es aber z. B. tun würde, wenn er fremdes Staatsgebiet annektiert.

Grundsätzlich anders als die Rezeption aber kann die Anwendung ausländischen Rechts, die nicht zu einer Rezeption führt, nicht beurteilt werden[1]). Denn von der Art und Weise, wie fremdes Recht im Inland angewandt wird, kann eine Verletzung fremder Souveränität sicher nicht abhängig sein. Die Anwendung ausländischen Rechts ohne Rezeption greift auch weder in fremdes Staatsgebiet noch Staatsvolk noch fremde Herrschaftsbeziehungen ein. Zwar mag z. B. ein Staat A die Anwendung seines Rechts auf Staatsangehörige, die ihren Wohnsitz nicht im Inland haben, nicht vorsehen. Wendet ein Richter im Staate B gleichwohl das Recht A auf dessen Staatsangehörige an, weil ihn sein Kollisionsrecht dahin verweist (unterstellt sei der Einfachheit wegen eine Sachnormverweisung), so kann aber schon um deswillen keine Souveränitätsverletzung vorliegen, weil das Recht A diesen Fall gar nicht mit eigenem materiellen Recht hat treffen wollen. Daß die Rechtsordnung A diesen Fall durch die iprechtliche Regel dem Recht B zugewiesen hat, mag Recht B beachten, es ist dazu aber nicht verpflichtet. Eine Anwendung ausländischen Rechts in Fällen, in denen dies in dem betreffenden Ausland nicht angewandt worden wäre, ist nicht nur kein Eingriff in die Souveränität, sondern sie vergrößert noch den Anwendungsbereich dieses Rechts in einem Maße, das zwar nicht vorgesehen, das aber auch nicht mißbilligt werden kann. Denn welcher Staat würde es nicht begrüßen, wenn auf der ganzen Erde nur sein materielles Recht Geltung hätte. Hier erweist sich, daß die Formel „Recht, das nicht angewandt sein will, darf nicht angewandt werden“, sogar schief ist. Von einem Willen des Rechts, überhaupt nicht angewandt zu werden, kann keine Rede sein. Das Recht sieht lediglich selbst die Anwendung unter bestimmten Umständen eines Falles nicht vor. Darin ist aber ein Wille, unter anderen als den bestimmten Umständen dieses Falles ebenfalls nicht angewandt zu werden, nicht enthalten. Es liegt also in der Anwendung eines solchen Rechts keine Anmaßung von Rechtsmacht vor, sondern Gewährung von Rechtshilfe[2]). Daß Souveränität durch Anwendung von Privatrecht nicht verletzt wird, liegt letztlich darin begründet, daß die Souveränität räumlich auf das Gebiet eines jeden Staates beschränkt ist, darüber hinaus vielleicht dem Befehl nach extraterritorial zwar wirken möchte (z. B. auf eigene Staatsangehörige), aber gegen den Willen des betreffenden anderen Staates nicht wirken kann. Souveränitätsverletzungen sind darum ganz allgemein ihrer Wirkung nach auf das Staatsgebiet eines jeden Staates beschränkt, in diesem Rahmen aber greift ausländische Anwendung inländischen Rechts in die inländische Ordnung nicht ein.

---

[1]) Im Ergebnis übereinstimmend Balogh a. a. O. Mélanges Streit, S. 89 f.

[2]) Treffend Gutzwiller IPR a. a. O., S. 1541; vgl. auch Lewald Règles générales, S. 17 und Neumeyer Int. Verwaltungsrecht a. a. O., S. 264[6], der das Souveränitätsargument ein „wunderliches Mißverständnis“ nennt.

Man kann, obwohl dies nicht notwendig ist, zur Begründung dafür, daß die Anwendung ausländischen Rechts selbst in Fällen, in denen dieses Recht im Ausland nicht angewandt worden wäre, kein Eingriff in die Souveränität ist, auch wohl auf die zweifellos — wie auch immer — bestehende völkerrechtliche Gemeinschaft der Staaten zurückgreifen, die zwar nicht Grundlage des IPR ist, die aber gleichwohl die Anwendung ausländischen Rechts im allgemeinen rechtfertigen kann. Im Rahmen dieser Gemeinschaft sind alle Staaten einverstanden, daß jeder von ihnen nach — völkerechtlich in geringem Maße gebundenem — Ermessen ausländisches Recht anwende.

Sollten diese Ausführungen nicht zu überzeugen vermögen, so ist schließlich noch auf folgende völkerrechtlich gesicherte Erkenntnis hinzuweisen. Iprechtliche Pflichten und Rechte der Staaten sind — völkerrechtlich betrachtet — in dem Sinne relativ, daß sie jeweils nur zwischen bestimmten Staaten, nicht aber gegenüber allen bestehen. Stets kann darum nur der Verletzte Rechte geltend machen. Nach allgemeiner völkerrechtlicher Auffassung kann ein Staat auf die Geltendmachung dieser Rechte auch verzichten[1]). In welchem Verhalten aber ließe sich eindeutiger ein Verzicht sehen als darin, daß alle Staaten seit Jahrzehnten iprechtliche Systeme praktizieren, die angeblich völkerrechtswidrige Eingriffe in ihre und anderer Staaten Souveränität enthalten?

Schnell, Niedner, Niboyet und Vivier ist demnach der Beweis nicht gelungen, daß Anwendung ausländischen Rechts u. U. Eingriff in fremde Souveränität sei. Der Beweis ist auch nicht zu führen. Darum kann das Souveränitätsargument aber auch nicht das System einseitiger Kollisionsnormen begründen, weil mit seiner Hilfe nicht beweisbar ist, daß ein Recht „gegen seinen Anwendungswillen" nicht anzuwenden sei. Damit ist selbstverständlich noch nicht die Frage geklärt, ob nicht ein System einseitiger Kollisionsnormen oder dessen Grundsatz „keine Anwendung nicht anwendbaren Rechts" aus einem anderen Grunde allein vertretbar ist. Zu würdigen bleibt also noch das System von Pilenko (und einige Grundgedanken von Vivier, die mit jenen von Pilenko übereinstimmen).

3. IPR und Staatsangehörigkeitsrecht

Mit dem Souveränitätsargument hängt ein weiteres zusammen, das seiner Häufigkeit und Selbständigkeit wegen gesondert betrachtet werden soll. Es ist die Behauptung, daß IPR und die Behandlung der Staatsangehörigkeit (StA) parallel laufen und das IPR darum — wie für die StA verwirklicht — auf ein System einseitiger Normen gestellt werden sollte[2]). Auch diese Auffassung hilft sich mit einem unbewiesenen Axiom, indem

---

1) Z.B. Verdroß a.a.O., S. 70.

2) Schnell a.a.O., S. 331; Sohn a.a.O., S. 983; Niboyet a.a.O. Cours, S. 350 u. Traité, III S. 247 f. (vgl. aber auch S. 258); Vivier a.a.O. 53/661; Pilenko a.a.O., Et. I 18.

sie davon ausgeht, daß die Sätze über IPR und StA von gleicher Natur und gleichen Aufgaben sind, daß StA und privatrechtliche Beziehungen mithin in der Struktur übereinstimmen.

In der Literatur hat der Vergleich keinen Anklang gefunden. Goldschmidt[1]) und Batiffol[2]) begnügen sich allerdings mit der Feststellung, daß sich die StA wie Straf- und Steuerrecht im Gegensatz zum IPR stets auf die Anwendbarkeit eigener Normen beschränke, so daß die Parallele irreführend sei. Diese bloße Feststellung ist gewiß noch kein Beweis, sie gilt es gerade zu rechtfertigen. Niemeyer[3]), Batiffol[4]) an anderer Stelle und Zitelmann[5]) sehen den Unterschied in einem „caractère privé" (Batiffol), der dem IPR zugrunde liege, und einem „intérêt direct de la société" der zur Einseitigkeit der StA-Regeln führe.

Dieser Gedanke scheint in der Tat rechtspolitisch die Feststellung zu tragen, daß kein Staat Regeln über die Anwendbarkeit des StA-Rechts anderer Staaten aufstellt. Diese Feststellung gilt es zu vertiefen[6]).

Wissenschaftler und Praktiker in aller Welt stimmen nahezu ohne Ausnahme darin überein, daß jeder Staat nur seine Staatsangehörigkeit regeln könne. Sie leiten aus diesem nach ihrer Auffassung völkerrechtlichen Satz eine für alle Staaten übereinstimmende „Kollisionsregel" ab: Die Staatsangehörigkeit eines Menschen wird nach der Rechtsordnung desjenigen Staates beurteilt, um dessen Angehörigkeit es sich handelt[7]). Diese Fassung der Kollisionsnorm für die Staatangehörigkeit ist, soweit ersichtlich, nur von Giesker-Zeller[8]) mit dem spöttischen Vermerk bekämpft worden, daß sich hier „Münchhausen am eigenen Schopfe" aus der Affäre zu ziehen versuche. Die staatlichen Gesetzgeber haben sich in aller Regel an die angegebene Staatsangehörigkeitsnorm gehalten[9]). Die Furcht vor

---

[1]) a. a. O. Wolff-FSchr., S. 206.

[2]) a. a. O. Rec. 1948 S. 50 f.

[3]) IPR a. a. O., S. 29 Anm. 1.

[4]) Traité a. a. O., S. 294 f.

[5]) a. a. O., S. 81, wo er jedoch ausdrücklich nur vom Strafrecht spricht; vgl. ferner Neuhaus Besprechung von Pilenko a. a. O. ZAIP 20 [1955], 599 (Neuhaus stellt allerdings auf praktische Unterschiede ab).

[6]) Daß die Parallelität zwischen StA und IPR in den Fällen des positiven und negativen Konflikts nicht aufrechterhalten werden kann, ist schon gesagt worden; vgl. dazu oben S. 82.

[7]) Vgl. z. B. Makarov, Allgemeine Lehren a. a. O., S. 60 f., 161; Dubois a. a. O., S. 23; Weis a. a. O., S. 65 f.; Soergel-Kegel a. a. O., Bem. I zu Art. 29 (nach Kegel handelt es sich nicht um eine Regel des Völkerrechts, sondern um eine Norm des internationalen Staatsangehörigkeitsrechts. Dieser Ansicht ist zuzustimmen. Denn wenn das Völkerrecht schon eine verbindliche Norm des Inhalts, daß jeder Staat nur seine Angehörigkeit regeln dürfe, enthielte, dann bedürfte es keiner Kollisionsnorm mehr. Primär ist aber m. E. von den einzelnen Staaten — aus welchen Gründen auch immer — die angeführte Kollisionsnorm aufgestellt worden. Daß diese in allen Staaten übereinstimmt, rechtfertigt noch nicht die Annahme einer völkerrechtlichen Regel. Zumindest scheint mir eine solche Regel des Völkerrechts nur sekundär, gleichsam deklaratorisch zu sein).

[8]) a. a. O. ZIR Bd. 27 (1918), S. 407;

[9]) vgl. die Beispiele bei Makarov, Allgemeine Lehren a. a. O., S. 166—170;

fiktiven Staatsangehörigkeiten mag dabei weitgehend Pate gestanden haben. Ausnahmen sind jedoch vorgekommen, meist aber vom Gesetzgeber später wieder beseitigt worden[1]).

Um die von den Vertretern einseitiger Kollisionsnormen behauptete Parallelität zwischen IPR und StA näher zu ergründen, muß untersucht werden, ob die für die StA festgestellte „Kollisionsnorm" überhaupt eine Kollisionsnorm ist, ferner ob sie, wenn sie eine ist, ein- oder allseitig ausgestaltet ist oder jedenfalls beide Formen anzunehmen vermöchte.

Liest man die angeführten Schrifttumsstellen, dann erscheint kein Zweifel an dem kollisionsrechtlichen Charakter der Staatsangehörigkeitsnorm zu bestehen. Nur Makarov wirft in einem gegen Ende des letzten Weltkrieges erschienenen Aufsatz die Frage auf, ob der Grundsatz der Maßgeblichkeit derjenigen Rechtsordnung, um deren Staatsangehörigkeit es sich handele, wirklich als eine Kollisionsnorm zu betrachten sei[2]). Makarov geht dieser Frage aber nicht im einzelnen nach. Nach dem Kriege hat er aber die Regel über das anzuwendende Staatsangehörigkeitsrecht eindeutig als zweiseitige (nicht einseitige) Kollisionsnorm herausgestellt, weil nicht nur der Anwendungsbereich der eigenen, sondern auch jeder fremden Rechtsordnung bestimmt werde[3]). Folgerichtig hat Makarov dann in einer 1955 veröffentlichten Neufassung seines oben erwähnten Aufsatzes aus dem Jahre 1944 die damals aufgeworfene Zweifelsfrage fortgelassen[4]). Nach allgemeiner Auffassung gilt daher die angeführte Staatsangehörigkeitsregel als Kollisionsnorm. Beschränkt man den Begriff der Kollisionsnorm auf Fälle, in denen sie wirkliche Konflikte zweier oder mehrerer Rechtsordnungen zu lösen bestimmt und auch — wenn auch nur für den Bereich einer Rechtsordnung — geeignet ist, dann wird der Staatsangehörigkeitsregel zu Unrecht die Eigenschaft als Kollisionsnorm zuerkannt. Denn da jeder Staat nur die Anwendung seiner eigenen Staatenangehörigkeitsregeln bestimmt, kann diese Regelung zwar zu Staatsangehörigkeitskonflikten führen, sie vermag diese aber jedenfalls nicht zu lösen. Bezeichnet man demgegenüber mit Kollisionsnorm allgemein jenen Teil einzelstaatlicher Normen, der festlegt, welchen Staates Recht anzuwenden oder nicht anzuwenden ist, dann läßt sich auch die angeführte Staatsangehörigkeitsregel als Kollisionsnorm auffassen. Diese letztere Meinung wird ganz überwiegend vertreten. Daß sich die festgestellte Staatsangehörigkeitsregel als Kollisionsnorm auffassen läßt, gibt aber noch nicht die geringste Beweiskraft dafür her, daß, wie die Vertreter einseitiger Kollisionsnormen meinen, IPR und StA parallel verlaufen und

---

1) vgl. die Beispiele aus Frankreich, Bolivien und Peru bei Makarov, Allgemeine Lehren a. a. O., S. 62 f.

2) Das Problem des anzuwendenden Kollisionsrechts a. a. O., ZvglRw 55 (1944), S. 252;

3) Allgemeine Lehren a. a. O., S. 164;

4) die Neufassung ist abgedruckt in Revue critique a. a. O. Bd. XLIV (1955), S. 431—457.

sich entsprechen. Wichtiger und entscheidender ist vielmehr die Frage, ob diese Kollisionsnorm über die StA einseitig oder aber allseitig ist. Will man den Kern der Kollisionsnorm über die StA erfassen, so empfiehlt es sich, von einer gedachten möglichst umfassenden Kollisionsnorm über die StA auszugehen. Diese mag vorläufig folgende Form annehmen: Die StA eines Menschen richtet sich nach dem Recht desjenigen Staates, dessen StA in Betracht zu ziehen ist. Vergleicht man diese Kollisionsnorm mit einer einseitigen (z. B.: die deutsche StA richtet sich nach den deutschen Gesetzen), dann ergibt sich: Haben alle Staaten ausschließlich über die Zugehörigkeit von Menschen zu ihrem Verband Regeln aufgestellt — dies ist (aus welchem Grunde auch immer) der Fall —, dann scheint es auf eine bloße Formulierungsfrage hinauszukommen, ob die Kollisionsnorm über die StA ein- oder allseitig ist. Denn die Struktur ein- oder allseitige Kollisionsnorm kann sich in Form von Ergebnissen nur dann verschieden auswirken, wenn mindestens zwei Staaten verschiedene Systeme (z. B.: Staat A hat einseitige, alle anderen Staaten haben allseitige Kollisionsnormen) haben. Diese Sachlage besteht im IPR, sie besteht für die StA nicht. Schon aus diesem Grunde kann der Beweis nicht glücken, daß StA und IPR kollisionsrechtlich gleich seien und gleichmäßig einseitige Normen haben müßten. Denn die StA hat nie die sich in verschiedenen Ergebnissen auswirkenden Unterschiede zwischen ein- und allseitigen Kollisionsnormen hervorgebracht, sondern sich auf die Maßgeblichkeit des Rechts des jeweils in Betracht zu ziehenden Staates beschränkt; sie kann darum also auch keine Wertmaßstäbe für die Richtigkeit dieses oder jenes Systems der Kollisionsnormen hergeben.

Man muß aber noch einen Schritt weitergehen und fragen, ob für die StA überhaupt e i n s e i t i g e oder a l l s e i t i g e Kollisionsnormen nach Art der iprechtlichen denkbar sind. Sind sie nicht denkbar, dann ist die festgestellte Art der Normen über die StA kein Systemvorteil, sondern sachgeboten, kann mithin erst recht nicht Wertmaßstab für die Lösung der Frage ein- oder allseitige Kollisionsnormen als Grundlage des IPR sein.

Überträgt man die oben vorgeschlagene gedachte allseitige Fassung einer Kollisionsnorm über die StA auf das IPR, so müßte eine iprechtliche Norm z. B. folgende Fassung annehmen: Die Geschäftsfähigkeit eines Menschen richtet sich nach dem Recht desjenigen Staates, nach dessen Recht Geschäftsfähigkeit in Betracht zu ziehen ist. So sehen aber allseitige Kollisionsnormen — z. B. im EGBGB — gewiß nicht aus. Diese Formulierung ist vielmehr nur äußerlich und scheinbar allseitig, in Wahrheit drückt sie — wenn auch etwas versteckt — den Grundsatz e i n s e i t i g e r Kollisionsnormen allgemein aus. Mit Recht weisen daher die Vertreter einseitiger Kollisionsnormen im IPR darauf hin, daß die Kollisionsnorm im StA-Recht jedenfalls nicht allseitig sei. Es ließe sich zwar theoretisch noch an folgende Fassung denken: Die StA eines Menschen richtet sich nach dem Recht seines jeweiligen Wohnsitzes. Bei einer Person mit Wohnsitz in England würde man z. B. englisches StA-Recht anwenden. Diese Formulierung ist zwar allseitig, aber sie läuft darauf hinaus, daß in den Fällen, in denen Anknüpfung an das Heimatrecht (qua StA) vorgesehen ist, nur dann an die StA angeknüpft werden kann, wenn der Wohnsitz die betreffende Person als eigenen Staatsangehörigen ansieht. Darüber hinaus aber würde eine nicht zu füllende Lücke entstehen oder eine fiktive Staatsangehörigkeit begründet. Denn hat z. B. jemand seinen Wohnsitz in Frankreich, ist er nach französischem Recht aber nicht Franzose, während er z. B. in England als englischer Staatsangehöriger angesehen würde, so ließe sich mit der vorgeschlagenen Formel die StA dieses Menschen nicht feststellen. Man kann ihn aber unmöglich als staatenlos ansehen, da er ja in England als Engländer angesehen wird. Man sieht: Jede Spekulation über die Fassung einer allseitigen Kollisionsnorm für die StA muß in die Absurdität führen. Wie immer man auch formulieren möge, brauchbare allseitige Kollisionsnormen sind für die StA nicht denkbar. Die Erklärung dafür ist wohl nicht schwer zu finden. Die StA ist eine Beziehung des einzelnen zu einem Staat, die entweder ipso iure (Geburt oder Heimat) oder durch Staatsakt begründet wird. Sie kann darum von keinem Standort aus einer — an sich beliebig gewählten — Rechtsordnung zugewiesen werden, wie z. B. eine erbrechtliche Beziehung Privater sowohl englischem als auch deutschem Recht unterstellt werden kann. Die StA kann daher verwirklicht oder nicht verwirklicht sein stets und nur nach jeweils der Rechtsordnung, deren StA gerade eine Rolle spielen kann. Ein Franzose kann eben sinnvoll nicht nach spanischem StA-Recht Deutscher werden. Ein Franzose kann aber z. B. nach spanischem Erbrecht in Deutschland Ansprüche verwirklichen. Ist aber die StA als nicht mehr weiter anknüpfbarer Rest, der als solcher aber seinerseits noch einer rechtlichen Ausformung bedarf, ihrer Natur nach auf Einseitigkeit abgestimmt, so sollte man zur Vermeidung von Mißverständnissen aufhören, von e i n s e i t i g e n Kollisionsnormen für die StA zu sprechen. Denn diese Einseitigkeit hat ganz andere Gründe als z. B. eine einseitige Kollisionsnorm für das Erbrecht. Von einseitigen Kollisionsnormen spricht man zweckmäßig nur in solchen Fällen, in denen man an sich auch die Wahl allseitiger Normen gehabt hätte. Auf diese Weise bringt man zum Ausdruck, daß die einseitige Norm nur e i n e von mehreren denkbaren und auch verwirklichbaren Möglichkeiten ist. Beruht aber die Einseitigkeit nicht auf freier Entscheidung, sondern in der „Natur der Sache", dann bedarf es überhaupt keiner zusätzlichen Benennung, jedenfalls aber scheint das Wort „einseitig" in seiner iprechtlichen Bedeutung verfehlt. Es ist also nicht so sehr das unmittelbare oder mittelbare Interesse des Staates, in Fragen der StA im Gegensatz zum Privatrecht einseitige Normen aufzustellen, sondern die unterschiedliche Art der B e z i e h u n g e n, die sich in StA und Privatrechten auswirken, die zu der Struktur der Kollisionsnorm über StA führt.

Die StA kann mithin nicht als Beweis dienen, das IPR auf die Grundlage einseitiger Kollisionsnormen zu stellen.

Mit diesem Ergebnis könnte der vorliegende Abschnitt an sich sein Ende finden. Den angeschnittenen Fragen seien aber noch einige fortführende Gedanken zugefügt.

Was bisher für die Staatsangehörigkeit gesagt worden ist, muß folgerichtig auch für alle anderen Anknüpfungsmerkmale gelten. Allgemein wäre demnach ein Anknüpfungsmerkmal nach derjenigen Rechtsordnung zu bestimmen, nach der die Verwirklichung dieses Merkmals (Wohnsitz, Aufenthaltsort, Errichtungsort, Handlungsort, Belegenheitsort usw.) in Betracht kommen kann. Auf diese Weise würde die Anknüpfung der Anknüpfungsmerkmale vereinheitlicht. Zu beachten ist, daß eine solche für die Anknüpfungsmerkmale aufzustellende Kollisionsnorm nicht etwa eine Qualifikation dieser Merkmale nach der lex-causae-Theorie darstellt — für eine Qualifikation besteht zunächst noch kein Anlaß —, sondern unmittelbar und allgemein über die Anknüpfung der Anknüpfungsmerkmale entscheidet. Diese Auffassung, daß alle Anknüpfungsmerkmale einheitlich zu bestimmen seien, widerspricht gewiß der in der Rechtsprechung und im Schrifttum vorherrschenden Meinung. Die hier vertretene Auffassung in allen Einzelheiten und mit allen Folgerungen vorzulegen, ist diese Arbeit nicht der geeignete Ort, da diese Auffassung für die Auseinandersetzung mit den Vertretern der einseitigen Kollisionsnorm nichts (jedenfalls nicht mehr, als schon durch die Ausführungen über die Staatsangehörigkeit gewonnen wurde) herzugeben vermag. Die Begründung der von der allgemeinen Auffassung abweichenden Meinung soll daher an dieser Stelle auf die nachfolgenden Überlegungen beschränkt werden.

Die Frage der Anknüpfung der Anknüpfungsmerkmale hat für die Bestimmung des Wohnsitzes (qua Anknüpfungsmerkmal; denn nur dieses Problem interessiert hier) ein reichhaltiges Schrifttum ausgelöst. Hier stehen sich im wesentlichen folgende Auffassungen gegenüber:

a) Der Wohnsitz richtet sich nach derjenigen Rechtsordnung, nach der ein Wohnsitz in Betracht kommen kann. Anders formuliert: Jede Rechtsordnung regelt ausschließlich die Bestimmung eines Wohnsitzes innerhalb des eigenen Rechtsgebietes (Territorialitätsgrundsatz)[1].

---

[1]) So z. B. OLG Braunschweig OLGE Bd. 20, S. 285 f. (286); Art. 22 Codigo Bustamante; Brocher, Cours de droit international privé suivant les principes consacrés par le droit positif français, I, Paris-Genève 1882, S. 249 (mitgeteilt von Serick a. a. O. ZZP 68, S. 296[67] und von Steiger, Der Wohnsitz a. a. O., S. 125); de Magalhaes, La doctrine du domicile en droit international privé, a. a. O., Recueil 23 (1928 III), S. 126 f.; Makarov, Das Problem des anzuwendenden Kollisionsrechts a a. O., ZvglRw 55 (1944), S. 254 (in der Neufassung in Revue critique a. a. O., Bd. XLIV (1955), S. 431—457 allerdings nicht mehr enthalten); Neumann, Internationales Privatrecht a. a. O., S. 51; Niboyet Traité a. a. O., Bd. I, S. 560, 566 f.; von Steiger, der Wohnsitz a. a. O., S. 131, mit weiteren Hinweisen S. 126, 128, 129); Zitelmann, IPR a. a. O., I, S. 178 f. (Konfliktsfälle S. 180 f.); dagegen ausdrücklich Serick a. a. O., ZZP 68 (1955), S. 296.

b) Der Wohnsitz richtet sich nach dem Heimatrecht des Betroffenen[1]).
c) Der Wohnsitz richtet sich nach der lex rei sitae[2]).
d) Der Wohnsitz richtet sich nach dem Parteiwillen[3])
e) Der Wohnsitz richtet sich nach wechselnden Kriterien je nach Zusammenhang (sog. Interpretationsmethode)[4]).
f) Nach der in Deutschland herrschenden und auch sonst verbreitetsten Auffassung richtet sich der Wohnsitz nach der lex fori[5]).

Die Entscheidung kann wohl nur zwischen der Bestimmung des Wohnsitzes nach der lex fori und seiner Bestimmung nach dem Territorialitätsgrundsatz fallen. Dabei ist der lex fori-Lösung zuzugeben, daß sie einfach ist. Sie führt aber (insbesondere im Verhältnis der kontinental-europäischen Rechte zum anglo-amerikanischen Rechtsraum) zu Schwierigkeiten und unter Umständen auch zur Annahme fiktiver Wohnsitze. Wird z. B. bei einem Engländer oder Amerikaner nach dänischer Auffassung (qua lex fori) Wohnsitz in England oder Amerika angenommen, dann wird sich häufig genug ergeben, daß englisches oder amerikanisches Recht einen Wohnsitz im dortigen Rechtsraum als nicht begründet ansehen. Hier mit einer Rück- oder Weiterverweisung zu helfen[6]), scheint mir nicht möglich zu sein. Denn einer Rück- oder Weiterverweisung liegt eine abweichende Wahl von Anknüpfungsmerkmalen zugrunde. Die Verweisung bezieht sich auf Sach- oder Rechtsverhältnisse, die mit Hilfe von festgelegten Anknüpfungsmerkmalen einer bestimmten Rechtsordnung zugeordnet werden. Eine solche Verweisung kommt aber nicht in Betracht für die Bestimmung der Anknüpfungsmerkmale selbst. Richten sich diese nach der jeweiligen lex fori, dann muß diese lex fori entweder endgültig oder überhaupt nicht entscheiden. Die lex fori als das für die Anknüpfung der Anknüpfungsmerkmale festgelegte Recht wäre auch nicht eine den ein- oder allseitigen Kollisionsnormen entsprechende Normengruppe, sondern Exklusivnorm mit absolutem Geltungsanspruch. Wenn im obigen Beispiel dänisches Recht als lex fori einen Wohnsitz etwa in England annimmt, während vom Standpunkt des englischen Rechtes ein Wohnsitz in Dänemark begründet wäre, dann wird durch Annahme eines Wohnsitzes in England auch weder tatsächlich noch rechtlich auf englisches (Wohnsitz-) Recht verwiesen, wie es z. B. bei der Anknüpfung der Geschäftsfähigkeit eines Menschen an das

---

[1]) Z. B. Valéry und Weis (Nachweise bei von Steiger, Der Wohnsitz a. a. O., S. 121 f.);

[2]) z. B. Lorenzen und andere angelsächsische Autoren (Nachweise bei von Steiger, Der Wohnsitz a. a. O., S. 123);

[3]) z. B. Loiseau, (Nachweis bei von Steiger, Der Wohnsitz a. a. O., S. 123);

[4]) z. B. Rolin, Levasseur, Donnedieu de Vabres, Bennet (Nachweise bei von Steiger, Der Wohnsitz a. a. O., S. 146);

[5]) z. B. Raape IPR a. a. O., S. 43 f.; Wolff IPR a. a. O., S. 44; Soergel-Kegel a. a. O., Vorbem. I 4 c vor Art. 7 = S. 11 f.; vgl. ferner die Nachweise bei von Steiger, Der Wohnsitz a. a. O., S. 136—140;

[6]) so Soergel-Kegel a. a. O., Vorbem. I 4 c vor Art. 7 = S. 11 f.

englische Geschäftsfähigkeitsrecht mit Hilfe etwa der Staatsangehörigkeit geschieht, sondern es wird ein Wohnsitzverhältnis in England unwiderruflich festgelegt (genauer: postuliert). Durch Verweisung ist daher Abhilfe nicht zu schaffen, weil eine Verweisung nicht berührt ist. Es bliebe übrig, den Verweisungsgedanken analog heranzuziehen. Abgesehen davon, daß ein „Ähnlichkeitskreis" als Voraussetzung einer Analogie schwerlich zu begründen sein wird, wird das Problem auf diese Weise rechtlich und methodisch nicht angemessen gelöst. Denn es handelt sich nicht darum, den Wohnsitz seinerseits und primär mit Hilfe der lex fori „anzuknüpfen" — dies ist im strengen Sinne nicht einmal möglich —, sondern darum, seine Verwirklichung innerhalb einer Rechtsordnung festzustellen (und nicht festzulegen). Da es für die Bestimmung des Wohnsitzes (wie die der Staatsangehörigkeit) ein allseitiges Anknüpfungsmerkmal nicht geben kann (am wenigsten in Gestalt der lex fori, die bloße Exklusivnorm wäre), ist der Grundsatz der Territorialität (wie bei der Staatsangehörigkeit) die korrekte Grundlage für die Bestimmung des Wohnsitzes. Was für Staatsangehörigkeit und Wohnsitz gilt, muß als Regel auch für alle anderen Anknüpfungsmerkmale gelten. Dabei ist allerdings zu beachten: Je mehr ein solches Merkmal die Eigenschaft des Rechtsbegriffes verliert (z. B. Errichtungsort oder Belegenheitsort), desto mehr verliert sich die Notwendigkeit, den Territorialitätsgrundsatz streng einzuhalten. Denn über tatsächliche Kriterien (etwa Belegenheit einer Sache) werden zwischen verschiedenen Rechtsordnungen kaum je verschiedene Auffassungen bestehen. Da solche Übereinstimmungen im wesentlichen sogar auch für den Wohnsitz — abgesehen vom anglo-amerikanischen Rechtskreis — gelten, mag dieser Umstand mit dazu beigetragen haben, daß die Bestimmung der Anknüpfungsmerkmale — außer Staatsangehörigkeit — durch die lex fori ein im ganzen durchaus praktikables System geworden ist, dessen Ergebnisse sich von jenen, zu welchen der Territorialitätsgrundsatz führt, nur selten unterscheiden.

Wer — wie hier — bei der Bestimmung der Anknüpfungsmerkmale vom Grundsatz der Territorialität ausgeht, stößt unter Umständen — wie bei der Staatsangehörigkeit — auf positive oder negative Konflikte. Diese sind ähnlich wie die Konfliktsfälle bei der Staatsangehörigkeit zu behandeln. Im Falle des positiven Wohnsitzkonfliktes z. B. sind zusätzliche Anknüpfungen (z. B. älterer oder jüngerer Wohnsitz, ständiger Aufenthalt) heranzuziehen. Im Falle des negativen Konfliktes tritt an die Stelle der Wohnsitz-Anknüpfung eine Anknüpfung an den gewöhnlichen oder hilfsweise schlichten Aufenthaltsort.

Schließlich ist noch eine Frage zu berühren, auf die möglicherweise auch die Vertreter einseitiger Kollisionsnormen zur Verstärkung ihrer Beweisführung hinweisen könnten. Wenn für alle Anknüpfungsmerkmale herausgestellt worden ist, daß für sie allseitige Kollisionsnormen nicht planvoll zu bilden sind, für sie vielmehr notwendig „einseitige Kollisionsnormen" gelten, müßte oder sollte man dann nicht einen Schritt weitergehen und wie für die Anknüpfungsmerkmale so auch für die anzuknüpfenden Sach- oder Rechtsverhältnisse[1]) einseitige Kollisionsnormen zugrunde legen, um auf diese Weise allgemein jede Anknüpfung einheitlich zu gestalten? Im vorliegenden Kapitel braucht nicht entschieden zu werden, ob man dies tun s o l l t e (diese Frage ist späteren Überlegungen vorbehalten), sondern nur, ob man dies gerade mit Rücksicht auf die Lösung für die Anknüpfungsmerkmale tun m u ß.

Die Antwort läßt sich aus den vorstehenden Ausführungen ohne Schwierigkeit ableiten. Die „Einseitigkeit" der Normen, die die Bestimmung der Anknüpfungsmerkmale regeln, ist nicht das Ergebnis einer möglichen und bewußt getroffenen Wahl zwischen einseitigen und mehrseitigen Normen, sondern folgt zwangsläufig aus der Struktur der Anknüpfungsmerkmale selbst. Anders verhält es sich mit der Anknüpfung von privatrechtlichen Sach- oder Rechtsverhältnissen. Diese sind nicht notwendig von Haus aus einer bestimmten Privatrechtsordnung unterworfen. Welche sollte das auch sein? Das Verhältnis eines Menschen zu einer Privatrechtsordnung bedarf vielmehr noch einer erst vorzunehmenden Fixierung mit Hilfe bestimmter Vermittlungselemente. Diese sind die Anknüpfungsmerkmale. Anders ausgedrückt: Privatrechtsverhältnisse bedürfen, wenn man den Boden einer einzigen Rechtsordnung verläßt, eines Beziehungspunktes, der sie einer Rechtsordnung dann zuweist. Sie sind also nur mittelbar einer Rechtsordnung zugeordnet, während die Beziehungspunkte (Anknüpfungsmerkmale) in einem unmittelbaren Zuordnungsverhältnis zu dieser stehen. Da die Wahl der Beziehungspunkte an sich frei ist — welche Überlegungen im einzelnen diese Wahl beherrschen, kann hier dahinstehen —, können privatrechtliche Verhältnisse an sich beliebig einer Rechtsordnung zugeordnet werden, entweder in der Weise, daß jeder Rechtsordnung selbst (und nur dieser) vorbehalten bleibt, über die i h r zuzuordnenden Verhältnisse zu bestimmen (Grundsatz der einseitigen Kollisionsnormen), oder in der anderen Weise, daß vorbehaltlich von Ausnahmen und Weiterungen für jede Rechtsordnung diese Zuordnung mit Hilfe von gleichbleibenden Anknüpfungsmerkmalen geregelt wird (Grundsatz der allseitigen Kollisionsnormen). Logisch steht dieser Auswahl ein Hindernis nicht entgegen. Aus diesem Grunde läßt sich auch nicht die für Anknüpfungsmerkmale entwickelte zwingende Einseitigkeit der sie beherrschenden Normen auf die für die Anknüpfung von privatrechtlichen Verhältnissen aufzustellenden Kollisionsnormen übertragen.

Zu übertragen bliebe, um eine schon angeschnittene Frage noch einmal aufzugreifen, ob nicht mit Rücksicht auf die vorangehenden Ausführungen den die Anknüpfungsmerkmale steuernden „Kollisionsnormen" die Eigenschaft als Kollisionsnorm abzusprechen ist. Die für Kollisionsnormen wesentliche Anknüpfung von Sach- oder Rechtsverhältnissen mit Hilfe von Anknüpfungsmerkmalen fehlt bei der „Anknüpfung" dieser Merkmale

[1]) Die Frage, ob Sach- oder aber Rechtsverhältnisse anzuknüpfen sind, kann hier nicht behandelt werden.

selbst, so daß sich sagen ließe, daß die für Anknüpfungsmerkmale geltenden „einseitigen Kollisionsnormen" nicht Kollisionsnormen, sondern Elemente der entsprechenden materiellen Normen seien. Diese Auffassung scheint mir eine aus den bisherigen Überlegungen notwendig abzuleitende Folgerung zu sein. Im Rahmen der vorliegenden Arbeit ist sie aber wohl nur von bescheidenem Wert. Denn die Grenzen zwischen materiellen und Kollisionsnormen verlaufen fließend. Häufig ist der Weg zur einen oder anderen Gruppe von Normen lediglich eine Frage der Formulierung. Eines läßt sich allerdings mit Bestimmtheit sagen: Sind die Normen, die die Anknüpfungsmerkmale umreißen, nicht Kollisionsnormen, sondern materielles Recht oder zumindest Auswirkung dieses materiellen Rechts, dann können die Anknüpfungsmerkmale erst recht nicht den Beweis dafür hergeben, daß die Art der für sie zu bildenden Anknüpfungsregel zwingend auch zur Einseitigkeit der Kollisionsnormen im Privatrecht führen müsse. Da dieser Beweis — wie ausgeführt — aber auch dann nicht zu erbringen ist, wenn die Regel für die Bestimmung der Anknüpfungsmerkmale als Kollisionsnorm angesehen wird, kann das berührte Problem der Grenzziehung zwischen materiellem und Kollisionsrecht im Rahmen dieser Arbeit im einzelnen unbehandelt bleiben.

4. IPR und Internationales Öffentliches Recht.

Im Internationalen Öffentlichen Recht (IÖR), z. B. Steuer-, Straf-, Prozeß- und Verwaltungsrecht, gelten durchweg einseitige Kollisionsnormen. Das hat vor allem Pilenko dazu geführt[1]), das IÖR als Beispiel für die Richtigkeit einseitiger Kollisionsnormen heranzuziehen und diese auch im IPR einzuführen. Auf diese Weise gelangt Pilenko zu einem einheitlichen allgemeinen Kollisionsrecht, in das er nur noch das intertemporale und das interpersonale Privatrecht einzubeziehen brauchte. Eine solche Einheitlichkeit allen Kollisionsrechts ist ohne Zweifel bestechend. Allein sie trägt erhebliche Gefahren und Bedenken in sich. Im einzelnen ist diese Arbeit, die sich mit dem IPR befaßt, allerdings nicht der Ort, zu diesem einheitlichen Kollisionsrecht Stellung zu nehmen. Dazu ist die Zeit wohl auch noch nicht reif genug. Hier kommt es lediglich darauf an, festzustellen, ob die Einseitigkeit der Kollisionsnormen im öffentlichen Recht zu beweisen vermag, daß auch das Privatrecht auf die Grundlage einseitiger Kollisionsnormen gestellt werden muß. Dieser Beweis läßt sich mit Hilfe des öffentlichen Rechts nicht führen. Rein gedanklich sind für das IPR einseitige Kollisionsnormen so gut wie allseitige zu vertreten. Rein gedanklich kann aber auch das IÖR statt auf einseitige auf allseitige Kollisionsnormen gestützt werden. Z. B. ließe sich eine Norm bilden, daß die Frage, ob sich ein Mensch des Betruges oder der Unterschlagung schuldig gemacht habe, nach dem Recht des Staates zu beurteilen sei, dem er angehöre, ferner eine andere Norm des Inhalts, daß Lohnsteuer nach dem Recht des Staates zu

1) Insbesondere in einer neuen Arbeit, die zum Druck ansteht und deren Manuskript Pilenko mir liebenswürdigerweise überlassen hat.

entrichten sei, in dem der Steuerpflichtige seinen Wohnsitz habe, schließlich eine weitere Norm, die bestimmt, daß sich die Ausweispflicht eines Menschen nach seinem Heimatrecht richte. Die Beispiele zeigen, daß sich das staatliche Leben und ganz besonders die Arbeit der Behörden ungemein komplizieren und der Unsicherheit Tür und Tor geöffnet würden. Denn im öffentlichen Recht ist zwischen den einzelnen Menschen und den Staat (die Rechtsordnung) ein umfassender Behördenapparat geschaltet, der auf eine einzige Rechtsordnung eingestellt ist. Da ferner im öffentlichen Recht der Staat nicht, wie im Privatrecht, den Einzelinteressen in aller Regel neutral gegenübersteht, sondern selbst Partei ist, kann er sich schon allgemein nicht erlauben, seine eigene Rechtsordnung weitgehend ausgeschaltet zu sehen. Im einzelnen lassen sich mithin zugunsten der Einseitigkeit der Kollisionsnormen im öffentlichen Recht eine Reihe gewichtiger Gründe anführen, die hier aber nicht weiter verfolgt werden sollen[1]). Tradition, Zweckmäßigkeit und Gerechtigkeit haben entscheidend zu diesem heute überall verbindlichen System einseitiger Normen im öffentlichen Recht geführt. Anders als bei der Staatsangehörigkeit geht diese Einseitigkeit auf eine Auswahlentscheidung zwischen ein- und allseitigen Kollisionsnormen zurück. Die Beweggründe für diese Wahl sind im öffentlichen Recht fraglos andere, als sie im Privatrecht sein müssen. Es bleibt daher ein fragwürdiger Triumph, alles Kollisionsrecht auf der Grundlage einseitiger Kollisionsnormen einheitlich aufgebaut zu sehen. Denn diese Einheitlichkeit ist starr und bedeutet den Verzicht, Gleiches gleich, Ungleiches aber ungleich zu behandeln. So nützlich und angemessen jede Vereinheitlichung in der Wissenschaft ist, sie darf nicht dazu führen, die Entwicklung zur Verfeinerung und Verästelung, zu der jede Wissenschaft drängt, zu hemmen. Im öffentlichen Recht haben sich die einseitigen Kollisionsnormen — aus welchen Gründen im einzelnen auch immer — durchgesetzt. Daß sie sich auch im IPR durchzusetzen verdienten, muß mit Gründen, die im wesentlichen dem Privatrecht selbst entstammen sollten, hinreichend bewiesen werden. Im Verlaufe der bisherigen Untersuchung hat sich ein solcher Beweis nicht — insbesondere nicht durch den bloßen Hinweis auf die Lage im öffentlichen Recht — feststellen lassen. Die Untersuchung ist allerdings noch nicht abgeschlossen.

5. Verschiedenheit ein- und allseitiger Kollisionsnormen nach Struktur und Zweck.

In diesem Abschnitt werden die Kerngedanken von Pilenko berührt. Vivier steht ihnen teilweise nahe.

Die Grundauffassung von Pilenko wurde in drei Punkten zusammengefaßt: a) Droit spatial wurzelt in der Struktur der materiellen Normen; b) droit spatial und Kollisionsrecht sind verschiedene Rechtsdisziplinen; c) droit spatial ist Grundlage des Kollisionsrechts.

---

[1]) Vgl. dazu besonders Neumeyer, Internationales Verwaltungsrecht a. a. O., Bd. IV, S. 115—120.

Den Kern dieser Gedanken bildet die Auffassung, daß die Zusammenfassung aller einseitigen Normen als den wesentlichen Bestandteilen der Sachnormen eine dem Kollisionsrecht gegenüberstehende, selbständige Disziplin ist. Dieses System ist gut erfaßbar, seine Linienführung ist einfach. Und doch hat dieses System einen gleichsam archimedischen Beziehungspunkt, der — in sich nicht bewiesen — das System beherrscht, auch wenn es nicht so scheint. Es ist dies die Vorstellung, daß das IPR genannte Rechtsgebiet zu scheiden ist in ein Teilgebiet, das sich ausschließlich mit wirklichen Gesetzeskonflikten befaßt und ein anderes, dem alle Fälle fehlenden Konfliktes zugeordnet sind. Der Herrschaft dieser Vorstellung ist nunmehr an Hand der drei Grundthesen von Pilenko nachzuspüren.

a) 1. These: droit spatial als Element der Sachnormen.

Nach Pilenko enthält jede Norm drei einander ebenbürtige Elemente, substance, espace, temps. Nun ist gewiß nicht zweifelsfrei, wie sich strukturell das Element espace zum Element substance verhält. Eine Norm stellt das Element substance sicher auch ohne das Element espace dar. Man denke an eine unberührte Südseeinsel, wo das Element espace nie eine Rolle spielt. Pilenko ist zuzugeben, daß die räumliche Beziehung in Zweifelsfällen jedoch der Norm erst den festen Herrschaftsboden gibt. Das ist auch allgemein anerkannt[1]). Im Einzelfall kann häufig recht zweifelhaft sein, ob eine Bestimmung das Element substance oder aber das Element espace trifft[2]). Dieses Problem berührt aber nicht die Richtigkeit des Satzes, daß jeder Sachnorm eine Anwendungsklausel zugeordnet ist. Richtig ist auch die Behauptung von Pilenko, daß diese räumliche Klausel internes Recht ist. Alles dies würde aber auch gelten, wenn man das Element espace nicht als Bestandteil der Norm, sondern verselbständigt auffaßte[3]). Schließlich ist auch die Folgerung Pilenkos richtig, daß ein ausländischer Gesetzgeber inländische Normen nach substance, espace und temps nicht ändern kann. Bezweifelbar ist aber die von Pilenko daran geknüpfte Folgerung, daß keine Norm angewandt werden dürfe, die spatialrechtlich diese Anwendung nicht vorsehe. Dies ist nur dann richtig, wenn man ausländische Gesetzgeber und Richter verpflichten kann, inländische Normen in allen Elementen zu respektieren. Das kann man aber nicht. Aufrechterhalten läßt sich höchstens die Ansicht, daß die Anwendung einer Norm durch einen ausländischen Richter, die nach dem zugehörigen Spatialelement nicht anzuwenden gewesen wäre, eben dieses „élement spatial“ verletzt, gleichgültig ob man es der Sachnorm, die sicher nicht verletzt ist, zuordnet oder verselbständigt auffaßt. Schränkt man die Beweisführung

1) Vgl. z. B. Staudinger-Raape a. a. O., S. 9f., der von „Rahmen, Zubehör, Bestandteil der Sachnorm“ spricht; Lewald, Règles générales a. a. O., S. 54; Gutzwiller IPR a. a. O., S. 1538.

2) Vgl. die Beispiele von Pilenko Et. I 4 Anm. 5 u. 7; vgl. ferner z. B. Makarova a. a. O. Revue critique 1955, S. 449 f.

3) Dafür z. B. wohl allg. Rabel a. a. O. I, S. 89, nach dem materielles und Kollisionsrecht verschiedene „patterns of values and purposes“ sind.

Pilenkos auf diese Fassung ein, dann ist an seiner ersten These richtig, daß sich alle einseitigen Normen den Sachnormen zurechnen lassen und daß Anwendung einer zur Anwendung nicht vorgesehenen Sachnorm das ihr zugeordnete spatialrechtliche Element verletzt.

b) 2. These: droit spatial und Kollisionsrecht als eigenständige Rechtsgebiete.

Nach Pilenko löst das droit spatial nur Fälle fehlenden Konfliktes, das Kollisionsrecht dagegen nur Konfliktsfälle. Wir haben gesehen, daß alle positiven und negativen Konflikte dem Kollisionsrecht zuzuweisen sind.

Für die Trennung von Spatial- und Kollisionsrecht beruft sich Pilenko auf Savigny. Savigny hat zwei verschiedene Wege der Lösung des Verhältnisses von Rechtsregel und Rechtsverhältnis beschrieben. Nach ihm[1]) läßt sich dieses Verhältnis betrachten einmal als Herrschaft der Rechtsregel über Rechtsverhältnisse und zum anderen als Unterordnung der Rechtsverhältnisse unter die Rechtsregel. Von beiden Seiten sei das Verhältnis zu lösen, sagt Savigny. Er fährt fort, daß beide Arbeiten nur einen unterschiedlichen Ausgangspunkt hätten, die Frage aber dieselbe bleibe und die Entscheidungen nicht verschieden sein könnten. Savigny billigt also beide Methoden und erkennt ihnen keine prinzipiellen Unterschiede zu[2]). Er selbst geht methodisch vom Rechtsverhältnis aus[3]) und individualisiert die zahlreichen Rechtsbeziehungen im Unterschied zu den Statutenlehren, die er indes nicht etwa in Bausch und Bogen verwirft[4]). Seine Lehre läuft auf die Aufstellung allseitiger Kollisionsnormen hinaus. So läßt er z. B. für Sachen die lex rei sitae[5]), für Obligationen den Erfüllungsort, hilfsweise Geschäftssitz, Handlungsort oder Schuldnerwohnsitz[6]), im Erbrecht Wohnsitz des Erblassers[7]), im Familienrecht für die Ehe den Wohnsitz des Mannes[8]), für die väterliche Gewalt den Wohnsitz des Vaters[9]), für die Vormundschaft den Wohnsitz des Mündels[10]) über die Anknüpfung entscheiden.

Die Bezugnahme Pilenkos auf Savigny ist jedenfalls insoweit fragwürdig, als mit ihr ein grundsätzlicher Unterschied zwischen dem Spatialrecht und dem Kollisionsrecht belegt wird. Will man der Auffassung Savignys treu bleiben (kein sachlicher Unterschied zwischen beiden Methoden, kein Unterschied in den Ergebnissen), so müßte man z. B. die iprechtliche Erbnorm im Staate X in ihren nach Savigny möglichen zwei Lesarten wie folgt redigieren:

---

[1]) System a. a. O. VIII, S. 1—3.
[2]) Vgl. Kegel-Raape-FSchr. a. a. O., S. 16.
[3]) a. a. O. bes. S. 28, 32, 108, 120.
[4]) Bes. deutlich S. 123, dazu Kegel-Raape-FSchr. S. 16.
[5]) 169.
[6]) 247.
[7]) 295.
[8]) 325, 327.
[9]) 338.
[10]) 341.

aa) (Rechtsverhältnis — Rechtsregel) Erbrecht bemißt sich stets nach dem letzten Heimatrecht des Erblassers;

bb) (Rechtsregel — Rechtsverhältnis). Von jeder Rechtsordnung sind die Erbrechtssätze nur auf eigene Staatsangehörige anwendbar.

Man sieht sofort, daß die Norm bb) nicht einem System einseitiger Normen entspricht, weil z. B. Staaten mit Wohnsitzanknüpfung nicht respektiert werden.

Vor allem aber ist mit Savigny nicht zu erklären, daß seine beiden Methoden im IPR zu selbständigen, nebeneinanderstehenden Systemen führen; denn nach Savigny kann jede seiner nur im Ausgangspunkt verschiedenen Methoden das gesamte IPR beherrschen. Mag Pilenko aber auch nicht mit Recht auf Savigny zurückgegriffen haben[1]), jedenfalls stellt er zwei verschiedene Systeme nebeneinander.

Die Konflikts-, d. h. die allseitige Kollisionsnorm wird ihrer Struktur nach von Pilenko nicht näher untersucht, er verweist insoweit auf die h. L.. Allgemein hält man den auf Anwendung ausländischen Rechts verweisenden Teil der allseitigen Kollisionsnorm für strukturell von der einseitigen Kollisionsnorm verschieden[2]), wobei insbesondere umstritten ist, ob die Verweisung auf fremdes Recht Sachnormverweisung[3]) oder auf fremde Kollisionsnormen zielt[4]). Alle diese Auffassungen betonen aber die einheitliche Funktion der allseitigen Kollisionsnorm, die einheitlich auf deutsches wie fremdes Recht verweist.

Wendet man diese allseitige Kollisionsnorm — wie es Pilenko tut — in Konfliktsfällen an, so sind folgende Lösungen denkbar:

aa) Die Geschäftsfähigkeit eines Belgiers mit Wohnsitz in England wird in Deutschland nach belgischem Recht beurteilt (positiver Konflikt ohne Beteiligung der lex fori);

bb) die Geschäftsfähigkeit eines Deutschen mit Wohnsitz in England wird in Deutschland nach deutschem Recht beurteilt (positiver Konflikt mit Beteiligung der lex fori);

cc) die Geschäftsfähigkeit eines Engländers mit Wohnsitz in Deutschland wird bei Annahme der Sachnormverweisung nach englischem Recht, bei Anerkennung der Rückverweisung je nach der Einstellung zum Renvoi nach deutschem oder englischem Recht beurteilt (negativer Konflikt).

---

1) Ebenso Neuhaus a. a. O., Besprechung von Pilenko, ZAIP 20 [1955], 597.

2) Vgl. z. B. Lewald Règles générales a. a. O., S. 55; Kahn a. a. O. Iher. Jb. 39, S. 1; Batiffol a. a. O. Rec. 1948, S. 48; auch Staudinger-Raape a. a. O., S. 9 f.

3) So stets — trotz Anerkennung des Renvoi — Raape IPR a. a. O., S. 62.

4) So die Anhänger des Renvoi außer Raape.

Im Falle cc) wird die englische oder deutsche „Spatialnorm" im Sinne Pilenkos verändert, also verletzt, in den Fällen aa) und bb) werden die englischen Spatialnormen mindestens mißachtet. Nun behalten aber gewiß z. B. englische Spatialnormen ihren Charakter bei, ob sie in casu spatialrechtlich (als einseitige Normen) oder kollisionsrechtlich (als Teil allseitiger Normen) eingesetzt werden. Die Änderung spatialrechtlicher Normen aber (wenn auch im Rahmen des Kollisionsrechts) ist nach Pilenko Verletzung ausländischen Rechts, die zu vermeiden nicht nur Aufgabe, sondern sogar die Natur des Spatialrechts ist. Pilenko mag einwenden, daß die spatialrechtliche Norm zum gewünschten Ziele nur dann beitragen könne, wenn und soweit sie spatialrechtlich eingesetzt werde. Dieser Einwand läßt sich natürlich hören. Er ändert aber nichts daran, daß im Gesamtsystem eine Bruchstelle entsteht und daß diese Bruchstelle von der spatialrechtlichen Norm herrührt. Die Einschränkung idealer Lösungen bei Pilenko auf den Wirkungsbereich des Spatialrechts ist zwar eine tapfere Bescheidenheit, aber bei einem System, das zu dieser Tapferkeit greifen muß, bleibt ein „Rest zu tragen peinlich".

Das System Pilenkos hat aber noch eine zweite Bruchstelle. Diese ist der doppelfunktionelle Einsatz der Spatialnorm selbst, nämlich einmal im Rahmen des droit spatial und dann im Rahmen des auf allseitige Kollisionsnormen gestützten Kollisionsrechts, wo sie zwar nicht Spatialnorm heißt, wo sie aber sachlich einen Teil der allseitigen Kollisionsnorm ausmacht. Dieser doppelte Einsatz macht die gesamte Trennung in zwei Systeme fragwürdig. Allgemein lassen sich zunächst zwei geschlossene Systeme auf einem Gebiete mit unzweifelhaft einheitlicher Aufgabe — nämlich Feststellung, welchen Staates Recht anzuwenden ist — höchstens dann rechtfertigen, wenn sie außergewöhnliche Vorzüge nach sich ziehen. Diese sind zwar von Pilenko behauptet worden, haben sich aber nicht oder nicht als außergewöhnlich erweisen lassen. Wenn aber schon die Spatialnorm jedenfalls der Sache nach auch zur Lösung der Konfliktsfälle (mit) herangezogen wird und dabei behilflich ist (jedenfalls sein muß), oberste Grundsätze spatialrechtlichen Denkens zu verletzen, dann liegt der Gedanke nahe, beide Systeme zu verbinden. Nähere Betrachtung führt sogar dazu, diesen Gedanken als zwingend naheliegend anzusehen. Denn das eigenständige Spatialrecht wird von Pilenko damit verteidigt, daß es — aus der Struktur der Sachnormen ableitbar — den Grundsatz verwirkliche „keine Anwendung eines Rechts, das spatialrechtlich unzuständig ist". Nun ist schon nachgewiesen worden, daß ein solches eigenständiges Spatialrecht folgerichtig nur bestehen kann in den Fällen, wo entweder ausschließlich die lex fori oder ausschließlich ein ausländisches Recht anwendbar ist. In diesen Fällen aber gelangen allseitige Kollisionsnormen (bei Anerkennung der anerkennenswerten Weiter-[nicht Rückverweisung!]) zu denselben Ergebnissen. Denkbar ist zwar noch ein Fall, wo spatialrechtlich ein Recht kraft außergewöhnlicher, von der Verweisungskette nicht gedeckter Anknüpfung zuständig ist. Dieser Fall ist äußerst selten. Die Anwendung dieses Rechts, das von der Verweisungskette nicht erfaßt wird, ist aber auch spatialrechtlich willkürlich und vom Gerechtigkeitsstandpunkt nicht zu rechtfertigen[1]). Es selbst würde zwar von einer allseitigen Kollisionsnorm nicht verletzt, weil es nie angewandt würde, wohl aber würde im Rahmen der Verweisungskette statt dessen ein Recht angewandt, das nach Pilenko nicht zuständig wäre. Diese letztere, ganz seltene, Verletzung wiegt aber mindestens nicht schwerer als die spatialrechtlich ungerechte Anwendung des Rechts mit der außergewöhnlichen Anknüpfung. Praktisch darf man diesen Fall übersehen. Es ergibt sich dann: Wo das Spatialrecht selbständige Bedeutung haben könnte, kann es zwar seinen Grundsätzen treu bleiben, würde darin aber auch von einem System allseitiger Normen nicht verletzt werden. Wo das Spatialrecht und seine Grundsätze dagegen von einem System allseitiger Kollisionsnormen verletzt werden könnten, ist dem Spatialrecht als selbständigem System die Auswirkung versagt. Bei dieser Sachlage aber ist nicht mehr einzusehen, welcher Grund noch den Beweis für die Eigenständigkeit des Spatialrechts, das überdies noch zum Verzicht auf ein einheitliches iprechtliches System führt, ohne daß besondere Vorzüge ersichtlich sind, abgeben kann.

Die zweite These von Pilenko überzeugt darum nicht. Natürlich besteht ein Wesensunterschied zwischen einseitigen und allseitigen Normen (wie er auch zwischen inländischem und ausländischem Recht besteht), aber er kann sich nicht in Gestalt zweier selbständiger Systeme ausprägen; denn das Kollisionsrecht im Sinne Pilenkos (das übereinstimmt mit der allgemeinen, von Pilenko aber bekämpften Auffassung vom IPR) vermag die Aufgaben seines Spatialrechts (mit) zu erfüllen.

Pilenko könnte sich den vorstehenden Bedenken vielleicht dadurch entziehen, daß er das Spatialrecht als selbständiges Gebiet einzelstaatlicher Zuständigkeitsbestimmungen herausstellt und das Kollisionsrecht (als eigentliches Konfliktsrecht) aus der einzelstaatlichen Zuständigkeit an das Völkerrecht verweist. Diese Folgerung ist im Ansatz schon in Etude I enthalten[2]). Ausdrücklich und ausführlich hat sie Pilenko — möglicherweise unter dem Eindruck der gegen seine Lehre gerichteten Bedenken — in einer neuen, aber noch nicht veröffentlichten Arbeit[3]) gezogen. Danach sind Lösungen wirklicher Konfliktsfälle (zu denen Pilenko aber bekanntlich nur die positiven Konflikte zählt) ausschließlich vom Völkerrecht (genauer: von völkerrechtlichen Verträgen) zu erwarten.

Nun ist nicht zweifelhaft, daß völkerrechtliche Verträge Konfliktsfälle (insbesondere positive Konflikte) zu lösen geeignet sind. Solche Verträge werden zuweilen auch geschlossen. Aber dies geschieht nicht häufig genug. Jedenfalls geschieht es nicht so häufig, daß nicht täglich positive und negative Konflikte ohne Hilfe völkerrechtlicher Verträge zu lösen wären. Es

---

1) Vgl. dazu oben S. 68—70.

2) Vgl. oben S. 34.

3) Die Arbeit steht zur Veröffentlichung an. Pilenko hat mir sein Manuskript liebenswürdigerweise überlassen.

bedarf auch keiner besonderen Phantasie für die Einsicht, daß dieser Zustand auf nicht absehbare Zeit bestehen bleiben wird. Pilenkos Hoffnung de lege ferenda ist daher nicht auf tragfähigen Boden gegründet. Darüber hinaus würden völkerrechtliche Verträge auch dem Spatialrecht erheblichen Herrschaftsraum entziehen. Denn wo völkerrechtliche Verträge Rechtsanwendungsregeln bescheren, sind diese in casu anzuwenden, unabhängig davon, ob die betroffene Frage bisher nach ein- oder allseitigen Kollisionsnormen entschieden worden ist. Anders ausgedrückt: Soweit Völkerrecht herrscht, ist es ohne Belang, ob eine Rechtsordnung ein- oder allseitige Kollisionsnormen eingesetzt hat.

Solange das Völkerrecht die von Pilenko erhoffte Regelung der Konfliktsfälle nicht zu bieten vermag, müssen aber auch Konflikte ständig gelöst werden. Insoweit und solange greift Pilenko ja auch auf das bisherige System allseitiger Kollisionsnormen als Aushilfslösung zurück. Daraus folgt: Solange das Völkerrecht eine umfassende und durchgreifende Lösung der Konfliktsfälle nicht bietet, sind alle gegen Pilenko vorgetragenen Bedenken (besonders gegen die Trennung von Spatial- und Kollisionsrecht) unverändert begründet. Führt das Völkerrecht aber diese Lösung herbei — in vollendeter Form natürlich erst dann, wenn sich alle Rechtsordnungen auf allgemein verbindliche Normen einigen —, dann regiert es zugleich auch unmittelbar oder mittelbar den von Pilenkos Spatialrecht beherrschten Rechtsanwendungsraum. Für ein selbständiges Spatialrecht ist daher weder vor noch nach Beginn der Herrschaft des Völkerrechts über das IPR Raum. Solange und soweit das Völkerrecht nicht das staatliche IPR abgelöst hat, ist auch der methodische Einwand Pilenkos[1]), daß staatliche allseitige Kollisionsnormen in Wahrheit völkerrechtliche Verträge im Gewande einzelstaatlicher Gesetze seien, nicht begründet. Er verkennt, daß ein völkerrechtlicher Vertrag Verbindlichkeit für zwei- oder mehr Staaten schafft, während staatliche allseitige Kollisionsnormen nur für jeweils ein Rechtsgebiet verbindlich sind. Weiter geht der Herrschaftsanspruch allseitiger Kollisionsnormen nicht. Staatliche allseitige Kollisionsnormen lösen mithin immerhin Gesetzeskonflikte im Rahmen jeweils eines staatlichen Gesetzgebungsfeldes, während völkerrechtliche Verträge derartige Konflikte zwar in größerem Rahmen zu lösen vermöchten, aber entweder nicht oder jedenfalls nicht in ausreichender Zahl vorhanden sind.

Die von Pilenko de lege ferenda vom Völkerrecht erwartete Hilfe ist also nicht greifbar und vermag darum die Lösung des Problems, ob ein- oder aber allseitige Kollisionsnormen die Grundlage des IPR bilden sollen, vorerst (auf nicht absehbare Zeit) nicht zu fördern.

c) 3. These: Droit spatial als Grundlage des Kollisionsrechts. Die 3. These Pilenkos beruht auf der Annahme, daß IPR in Konflikts- und Nichtkonfliktsfälle zu scheiden sei. Pilenko sagt, daß ein Konflikt erst

---

[1]) Ausführlich in der schon erwähnten neuen Arbeit.

entstehen könne, wenn vorher mindestens zwei entsprechende Spatialnormen Herrschaftsansprüche angemeldet hätten, daß mithin ein Kollisionsrecht voll ausgebildete Spatialrechte innerhalb jeder Rechtsordnung zur Grundlage und logischen Voraussetzung habe. Diese Grundlegung geht m. E. auf einen Irrtum zurück. Selbstverständlich müssen mindestens zwei rivalisierende „spatialrechtliche Herrschaftsansprüche" angemeldet sein, ehe ein Konflikt entstehen kann, selbstverständlich bedürfen diese Herrschaftsansprüche — für sich betrachtet — auch der rechtlichen Ausformung. Aber Pilenko verkennt wohl, daß diese zusammen mit und in der allseitigen Kollisionsnorm vorgenommen werden kann. Diese Verkennung beruht im wesentlichen darauf, daß Pilenko den Konflikt in den Mittelpunkt des eigentlichen Kollisionsrechts rückt. Nun mag zwar der Name „Kollisionsrecht" dieser Meinung Vorschub leisten, allein er ist nur einer unter vielen, und alle werden bekämpft. Es scheint, daß der sicherlich falscheste von allen, nämlich „Internationales Privatrecht", noch der am wenigsten gefährliche ist, weil jeder weiß, daß und wie falsch er ist. Fraglos aber hat IPR, um zunächst eine unangreifbare formale Begriffsbestimmung zu geben, über die Kollisionen hinaus die Aufgabe, zumindest festzustellen, welchen Staates Recht Anwendung finden soll. „Kollisionsrecht" hat es nicht notwendig nur mit Kollisionen (Konflikten) zu tun, sondern kann und will jede Anwendung von in- oder ausländischem Recht decken. Zwar mag dabei eine gewisse Funktionsverschiedenheit[1]) der Verweisungen auf in- oder ausländisches Recht bestehen, die dann z. B. bei der Verweisung auf ausländisches Recht zur Anerkennung des Renvoi führt, obwohl andererseits auch die Verweisung auf inländisches Recht auf ein zweites Kollisionsnormsystem treffen kann, nämlich auf interlokales Recht. Wegen der Funktionsverschiedenheit ist auch der Hinweis von Vivier nicht begründet, daß beide „Flügel" der allseitigen Kollisionsnorm nicht gleich ausgestaltet seien. Denn Gleichheit bedeutet lediglich Verbot willkürlicher Verschiedenbehandlung. Die Gleichheit ist dagegen weder berührt noch verletzt, wenn verschiedene Funktionen die angemessene verschiedene Behandlung erfahren. Im Rahmen allseitiger Kollisionsnormen wären die beiden „Verweisungsflügel" vollkommen gleich nur im Falle der ausschließlichen Sachnormverweisung, aber diese ist zu starr, oft nicht zweckmäßig und ebenso oft nicht gerecht.

Ein Wort noch zu der Ansicht von Pilenko, beide Systeme (droit spatial und Kollisionsrecht) könnten durch Generalisierung und Konkretisierung[2]) die im Einzelfall gewünschten Normen des jeweilig anderen Systems hervorbringen. Ohne auf logische Studien einzugehen, muß dazu wohl angenommen werden, daß solche gedanklichen Verfahren der Norm-

---

[1]) In diesem Sinne ist m. E. auch die Trennung in grenzrechtliches IPR und Natur-der-Sache-IPR bei Gutzwiller a. a. O. IPR S. 1538 zu verstehen.

[2]) Logisch wären die Begriffspaare wohl Generalisierung-Individualisierung und Konkretisierung-Abstrahierung.

gewinnung im Rahmen verschiedener Systeme nicht denkbar sind[1]). Einer allseitigen Kollisionsnorm ist nur zu entnehmen, was vorher schon in ihr gewesen ist. Vielleicht aber versteht Pilenko unter Konkretisierung der allseitigen Norm nur, daß der auf ausländisches Recht verweisende „Flügel" gestrichen wird. Damit aber würde zugestanden, daß die einseitige Kollisionsnorm in der allseitigen enthalten ist und darum auch in deren Rahmen alle ihr zukommenden Aufgaben erfüllen kann. Möglicherweise wendet Pilenko hiergegen ein, daß auf diese Weise aber alle ausländischen Spatialnormen „unterschlagen" würden und damit der Kern des Spatialrechts mißachtet oder doch verkannt würde. Dieser Einwand ist im Grunde schon widerlegt. Denn soweit Fälle der Anwendung ausländischen Rechts spatialrechtlich lösbar sind (ausschließliche Anwendbarkeit eines einzigen ausländischen Rechts), vermag auch der auf ausländisches Recht verweisende „Flügel" der allseitigen Kollisionsnorm diese Funktion ausländischen Spatialrechts zu übernehmen, sofern man natürlich die Weiterverweisung der Sache nach anerkennt. Er würde nur die ganz seltenen Fälle außergewöhnlicher, in der Verweisungskette nicht erfaßter Anknüpfungen außer acht lassen, insoweit aber der spatialrechtlichen Lösung überlegen sein[2]).

Mit Ausnahme der These 1 überzeugen die Thesen von Pilenko mithin nicht. Da These 1 das IPR nicht zu tragen vermag, sind seine Vorschläge im ganzen nicht geeignet, als Grundlage des IPR zu dienen. Es bleibt noch übrig, ein Wort über den rechtspolitischen Gehalt seines Systems (und damit auch der Systeme von Schnell, Niedner, Sohn, Niboyet, Vivier) zu sagen.

6. Anhang: Die Inkorporationstheorien.

An dieser Stelle empfiehlt es sich, einen kurzen Blick auf eine Meinung zu werfen, die im Schrifttum zur Frage ein- oder allseitige Kollisionsnormen mehrfach in die Debatte getragen wird. So liest man z. B. bei Niederer wiederholt[3]), daß eine Ablehnung völkerrechtlicher Grundlagen für das IPR nur die Wahl lasse zwischen einem höchst unbefriedigenden System einseitiger Kollisionsnormen und der Auffassung, daß Anwendung fremden Rechts zur Inkorporation der fremden Norm im eigenen Recht führe, mithin zur Rezeption ad hoc. Diese Ansicht, daß Anwendung ausländischen Rechts sachlich Rezeption sei, ist in der Tat verbreitet. Mit Rabel[4]) lassen sich die Theorien der materiellen Rezeption und der formellen Rezeption[5]) unter-

[1]) Pilenko hat seine hier angegriffene Auffassung in einer neueren (zur Veröffentlichung vorgesehenen) Arbeit ausdrücklich aufgegeben und als eine Konzession an die herrschende Lehre bezeichnet.

[2]) Vgl. dazu oben S. 68—70.

[3]) Allg. Lehren a. a. O., S. 124—127; Schweiz. Jb. a. a. O., S. 71 f.

[4]) a. a. O., S. 62.

[5]) Deutlich Ago a. a. O., besonders S. 261, 303 f.; vgl. die Hinweise auf die it. Lehren bei Rabel a. a. O. I, S. 62 f., der hierzu auch die sog. local law theory zählt; vgl. zu dieser letzteren[2]) in jüngerer Zeit z. B. den Aufsatz von Kronstein a. a. O. Wolff-FSchr.

scheiden. Rabel selbst hält diese Auffassung für eine Fiktion[1]). Abgelehnt wird sie allgemein von Lerebours-Pigeonnière[2]), weil die internationale Solidarität als Grundlage des IPR mißachtet werde, und besonders scharf von Yntema[3]): sie sei auf kritikloser Übernahme des Souveränitätsdogmas aufgebaut und vermöge höchstens zu neuen Auseinandersetzungen mit der richtigen Auffassung anzuregen oder aber Kurzsichtige zu betören, wie sie es schon getan habe. Anerkennung hat sie im völkerrechtlichen Schrifttum z. B. bei Ross[4]) gefunden.

Im einzelnen braucht indes hier trotz der Beweisführung von Niederer zu dieser Meinung keine Stellung bezogen zu werden. Sicher ist sie neben einem System einseitiger Kollisionsnormen nicht die einzig mögliche Auffassung des IPR, wenn man die völkerrechtliche Grundlage nicht anerkennt. Denn die Auffassung vom Wesen des IPR kann nicht von der Art der Anwendung ausländischen Rechts abhängen. Die Inkorporation wirkt sich entweder sowohl bei ein- als auch allseitigen Kollisionsnormen aus oder überhaupt nicht, d. h. die Meinung, daß ausländisches Recht nur in Form der Rezeption angewandt werden könne, führt über die Strukturfrage des IPR (qua ein- oder allseitige Normen) hinaus. Denn die Auffassung von der Richtigkeit ein- oder aber allseitiger Normen trifft methodisch stets Kollisionsnormen, also die Auswahl anwendbaren Rechts, während die Inkorporationstheorie methodisch die Sachnormen, also die Art und Weise der Anwendung ausländischen Rechts trifft[5]). M. a. W.: Jede Auffassung vom Wesen des IPR kann mit oder ohne Inkorporationslehre verbunden sein.

III. Der Gehalt des Internationalen Privatrechts

Faßt man alle bisherigen Überlegungen zusammen, dann zeigt sich, daß sich kaum je an die rechtspolitischen Fundamente des IPR heranzuführen brauchten, weil sie sich entweder rechtstechnischen oder methodischen Auseinandersetzungen zuwandten. Eine abschließende Entscheidung zur Frage ein- oder allseitige Kollisionsnormen als Grundlage des IPR gewinnt aber erst verbindlichen Wert, wenn sie ihre Rechtfertigung tiefer in Natur und Wesen des IPR sucht. Dies ist die Frage nach Zweck und Gehalt des IPR.

1. Formelle Betrachtung

Eine Begriffsbestimmung des Inhalts, das IPR bestimme, ob das Recht des eigenen oder eines (wie auch immer ausgewählten) ausländischen Staates anzuwenden sei, wird auf ungeteilte Billigung stoßen. Die Behauptung, IPR bestimme auch, welchen Staates Recht anzu-

[1]) a. a. O., I, S. 62.
[2]) Précis a. a. O., S. 215 f.
[3]) a. a. O., Rabel-FSchr., S. 536.
[4]) a. a. O., S. 72.
[5]) Vgl. dazu die eigentümliche Auffassung von Lepaulle a. a. O., Clunet 1936, S. 291.

wenden sei, wird zumindest alle Vertreter eines Systems allseitiger Kollisionsnormen als Anhänger finden. Nun ist mit formalen Begriffsbestimmungen meist nicht viel gewonnen. Untersucht man die Natur dieser Bestimmung, fremden Staates Recht anzuwenden (Kollisionsnorm), so stößt man im Lager derer, die allseitige Normen gutheißen, auf zwei Grundanschauungen. Nach der einen soll die Kollisionsnorm die Zuständigkeit des eigenen oder eines ausländischen Rechts zur Regelung eines Falles bestimmen, nach der anderen nur die Anwendung in- oder ausländischen Rechts regeln. Die Zuständigkeitslehre überwiegt. Für sie haben sich deutlich ausgesprochen z. B. Niederer[1]), Neumeyer[2]), Niemeyer[3]), von Bar[4]), Kegel[5]). Als Rechtsanwendungsrecht wird das IPR von Soergel-Kegel[6]) bezeichnet und zur Lösung der Theorie vom Schutz wohlerworbener Rechte von Müller[7]) erwogen. Die Zuständigkeitsauffassung nimmt etwas andere Formen bei Wengler[8]) an, der ausführt, daß es jeweils der interne Gesetzgeber oder an dessen Stelle der Richter sei, der Sachverhalte nach seiner Gerechtigkeitserwägung der einen oder anderen Rechtsordnung zuweise. Eine eigenwillige Wendung nimmt der Meinungsstreit bei Gutzwiller an. Dieser trennt Geltungs- und Anwendungsbereich einer Rechtsordnung[9]). Im Geltungsbereich seien Rechtssatz und Rechtsordnung verbunden, während der Anwendungsbereich an die Verwirklichung eines Tatbestandes anknüpfe[10]); ausländisches Recht gelte nur im Ausland, werde im Inland aber angewandt[11]); die Anwendung selbst rechtfertige sich aus der Idée de justice, der Gesetzgeber projiziere damit Gesichtspunkte, von denen er sich bei der Anwendung inländischen Rechts leiten lasse, auf die internationale Ebene und erfülle so eine für ihn als Mitglied der Völkerrechtsgemeinschaft bestehende Kulturmission[12]). Liest man im Anschluß an diesen Aufsatz, daß Gutzwiller in seinem Lehrbuch[13]) die Kollisionsnorm als Zuständigkeitsbestimmung auffaßt, die der Aufteilung der privatrechtlichen Ordnungen gelte (ähnlich übrigens Kegel, der in der Festschrift für Raape von Zuständigkeitsnorm[14]) und im Kommentar von Soergel von Rechtsanwendbarkeitsnorm[15])

---

1) Allg. Lehren a. a. O. bes. S. 125 f. u. 128, der sich aber zu Unrecht auf Völkerrecht stützt.
2) IPR a. a. O., S. 3.
3) IPR a. a. O., S. 23; vgl. aber auch Vorschläge a. a. O., S. 28.
4) a. a. O., I S. 3 f.
5) a. a. O., Raape-FSchr., S. 25.
6) a. a. O., Vorbem. I 1 vor Art. 7 EGBGB.
7) a. a. O., S. 312.
8) a. a. O., Lewald-FSchr., S. 615.
9) a. a. O., Lampert-FSchr., S. 170 f., 175, 179; vgl. Müller a. a. O., S. 310 und auch Rabel, a. a. O., I, S. 61.
10) 177.
11) 179 f.
12) 180 f.
13) IPR a. a. O., S. 1535—1537.
14) a. a. O., S. 25.
15) a. a. O. Vorbem. I 1 vor Art. 7 EGBGB.

spricht), dann drängt sich die Annahme auf, daß die Unterscheidung von Zuständigkeits- und Anwendungsnorm ein Scheinproblem ist. In die Richtung dieser Annahme weist in jüngerer Zeit ein Aufsatz zur methodischen Grundlage des IPR von Beitzke. Beitzke lehnt die Auffassung von Gutzwiller mit der Begründung ab[1]), daß Geltungs- und Anwendungsbereich nicht zu trennen seien, im Inland vielmehr nur anwendbar sei, was auch gelte. IPR habe die Aufgabe[2]), die unterschiedliche Regelung der Frage des anzuwendenden Rechts in den verschiedenen Staaten zu parallelisieren und aufeinander abzustimmen. Die Zuständigkeitslehre sei nicht brauchbar[3]), nicht einmal in nur formaler Natur; denn IPR suche nicht zuständige, sondern materiell maßgebende Rechtsordnungen, so daß man besser aufhöre, von Zuständigkeit zu sprechen[4]).

Diese Überlegungen von Beitzke führen in der Tat weiter. IPR ist natürlich Rechtsanwendungsrecht, insoweit es z. B. bestimmt, daß englisches und nicht französisches Recht anzuwenden sei. Es stellt m. E. dann nur eine andere Wendung dar, wenn man stattdessen sagt, englisches und nicht französisches Recht sei für einen Fall zuständig. Aber diese Wendung ist gefährlich, weil sie mißverständlich ist. Solange eine völkerrechtliche Grundlage für das IPR fehlt, ist IPR ausschließlich Angelegenheit der einzelnen Staaten[5]) (und natürlich der Konferenzen, die möglicherweise zu vereinheitlichenden Verträgen führen). Zuständig ist dann aber z. B. eine ausländische Rechtsordnung nicht etwa, weil sie zuständig sein will, sondern weil sie im Inland für zuständig erklärt wird oder weil (so z. B. auch in einem System einseitiger Normen) ihre Zuständigkeit im Inland gutgeheißen und der Entscheidung zugrundegelegt wird. Da ein Staat aber fremde (materiellrechtliche) Zuständigkeit verbindlich nur für sein eigenes Gebiet festsetzen kann, sollte man das Wort Zuständigkeit aufgeben, weil es der Vorstellung einer Allgemeingültigkeit und Allgemeinverbindlichkeit iprechtlicher Regeln Vorschub leistet[6]). Ob sich andererseits Geltungs- und Anwendungsbereich trennen lassen, kann hier weder sprachkritisch noch rechtlich weiter verfolgt werden. M. E. handelt es sich um eine äußere Frage des formellen Wirkungsgrundes ausländischen Rechts im Inland, die für das IPR kein großes Problem darstellen sollte, ob man nun dem ausländischen Geltungsbereich einen entsprechenden inländischen hinzufügt oder ob man den ausländischen Geltungsbefehl im Inland nur sanktioniert. Die entscheidenden Fragen dürfen sich nicht im Rahmen des formellen Wirkungsgrundes stellen. Die hier vertretene Auffassung, daß weder „Zuständigkeit" noch „Anwendung" empfehlenswerte Formulierungen sind, daß es vielmehr auf die inländische Stellungnahme, ihre Entscheidung über

---

1) a. a. O. Smend-FSchr., S. 13 f.
2) S. 1.
3) S. 8.
4) S. 9, übernommen neuestens in Nipperdey-FSchr., S. 43.
5) Vgl. Neuner, Der Sinn, a. a. O., S. 28.
6) Ähnlich — jedenfalls im Ergebnis — Beitzke, a. a. O., Smend-FSchr., S. 9 und Lewald Règles générales a. a. O., S. 17.

die Wirksamkeit ausländischen Rechts im Inland ankommt, mag Vertretern eines Systems einseitiger Kollisionsnormen nationalistisch anmuten. Abgesehen davon, daß solche Schlagworte meist unzutreffend sind, können sie keinen Schaden anrichten. Denn Martin Wolff[1]) hat sicher recht, wenn er sagt, daß der nationale Gesetzgeber nicht darin, welche Fragen er beantworte, sondern wie er sie beantworte, zeige, ob er „von dem rechten Geiste der Einordnung in die Gemeinschaft der Völker" erfüllt sei. Die rechtspolitische Frage nach diesem „Wie" soll nunmehr kurz aufgeworfen werden.

2. Materielle Betrachtung

Wie alles Recht muß IPR gerecht und billig sein. IPR aber wirkt anders als materielles Recht nicht nur (wenn auch nur mittelbar) auf Rechte und Pflichten der einzelnen ein, indem es letztlich die Auswahl der anzuwendenden Sachnormen regelt, sondern spielt auch im Rahmen der völkerrechtlichen Gemeinschaft der Staaten, des internationalen Verkehrs und der überstaatlichen Rechtspolitik eine Rolle. Dieser eigentümliche Reiz macht zugleich die eigentümlichen Schwierigkeiten des IPR aus: mit Blick auf die Einzelmenschen und deren rechtliches Schicksal die verschiedenen staatlichen Rechtsordnungen gerecht und billig in eine so vorteilhafte Harmonie wie möglich zu setzen, zunächst und verbindlich für das eigene Gebiet, aber stets in dem Bestreben, der Entwicklung einer allgemeinen Harmonie nicht im Wege zu stehen. Es gilt m. a. W., einen iprechtlichen „kategorischen Imperativ[2])" zu finden, der allgemeine Richtschnur zu werden verdiente. Dieses Problem im Rahmen dieser Arbeit aufzugreifen und zu behandeln, bliebe hybrides Unterfangen. Wohl können einige Strömungen nachgezeichnet werden, die gerade in jüngerer Zeit in der angedeuteten Richtung ihre Bahnen ziehen. Ihnen allen empfindet man nach, daß je internationaler die Funktionen des Kollisionsrechts werden, desto mächtiger sich der Antagonismus zur Staatlichkeit fast aller seiner Quellen fühlbar macht[3]).

a) Den Auftakt in der auf Erfassung des iprechtlichen Gerechtigkeitsgehalts ausgerichteten Bewegung stellt ein noch während des letzten Krieges veröffentlichter Aufsatz von Wengler dar. Er arbeitet den Gerechtigkeitsgehalt jedenfalls der Sache nach heraus und bereitet die Diskussion dadurch vor, daß er eine Reihe von iprechtlichen Grundsätzen in den Vordergrund stellt, nämlich: ordre public[4]), materielle Harmonie[5]) (durch Beschränkung an sich anwendbarer Rechte sollen die Schwierigkeiten überwunden werden, die sich aus gehäufter Anwendung ergeben), Zweck der

---

1) a. a. O. IPR, S. 35.
2) Ähnlich Martin Wolff a. a. O., IPR, S. 9.
3) Vgl. dazu früher schon Bartin a. a. O., I, S. 112; Niederer, Qualifikation a. a. O., S. 37.
4) a. a. O. ZÖR 1943/44, S. 476 f. (= Rev. crit. a. a. O. S. 600—602).
5) 477—480 (602—606).

Sachnormen[1]) (der auf die Anknüpfungen einwirken soll), Konfliktsminimum[2]) (es soll möglichst so entschieden werden, wie in anderen Staaten auch), Durchsetzbarkeit der Entscheidung[3]) (dieser Grundsatz kann z. B. für die Bevorzugung der lex rei sitae sprechen), politisches Interesse[4]). Wengler hält Kollisionen zwischen diesen Grundsätzen für möglich[5]) und empfiehlt für diese Fälle eine kumulierte Anwendung der nach den in den Fall eingreifenden kollisionsrechtlichen Grundsätzen anwendbaren materiellen Rechte[6]), hilfsweise eine Rangfolge dieser Grundsätze[7]). Im einzelnen kann zu dieser Arbeit hier nicht Stellung genommen werden. Es gilt lediglich, die von Wengler herausgestellten Grundsätze zu vermerken.

b) Allgemein sind nach dem Kriege dem IPR von Ernst Rabel neue Richtungen und Wirkungsgebiete gewiesen worden. Er stellt materielles und Kollisionsrecht scharf auf zwei verschiedene Ebenen mit verschiedenen „patterns of values and purposes[8])". Diese Verselbständigung des IPR ist für ihn „pioneer-ground", der erst noch in mühevoller Kleinarbeit zu erforschen sei. Vorerst sei es auch noch verfrüht, Grundanschauungen „in a general way" aufzustellen[9]). Immerhin ist damit das Signal für eine allgemeine Bewegung gegeben, die man kollisionsrechtlichen Autonomismus nennen mag. Hier wird dieser nicht der Bedeutung wegen angeführt, die Rabel der Rechtsvergleichung beimißt, sondern weil er zur Besinnung auf die Verselbständigung und Eigenständigkeit des IPR angeregt hat und anregt.

c) In einem Aufsatz in der Festschrift für Leo Raape sieht Zweigert in Rabels Lehren den Grund für eine neue dritte Schule des IPR. Mit dieser Behauptung einer dritten Schule hat er von Hans Lewald vernichtende Kritik erfahren[10]), der man sich kaum verschließen können wird. Hier aber interessieren von den Ausführungen Zweigerts nur seine Gedanken zum juristischen Gerechtigkeitsziel des IPR. Im Anschluß an Savigny, Kahn und Wengler hält er[11]) das Konfliktsminimum, welches auf einer höheren Ebene liege als die Billigkeit im Einzelfall, für den bedeutsamsten Grundsatz des IPR[12]) und knüpft an die Verbreitung der kollisionsrechtlich-autonomistischen Ideen die Hoffnung, daß sie vielleicht auch die Kluft zwischen England-USA und dem Kontinent überwinden könnten[13]).

d) Um die gleiche Zeit hat Dölle[14]) als Ziel des IPR den „totalen Entscheidungseinklang" herausgestellt, der nur scheinbar ein „äußeres Ordnungsprinzip" sei; denn in Wahrheit bringe jede Verweisung zum Aus-

---

1) 480—483 (606—610).
2) 483—485 (610—613).
3) 485 (613 f.).
4) 485—488 (614—618).
5) 492—494 (38—40).
6) 496 f. (43—46).
7) 497—504 (46—55).
8) a. a. O., I, 89.
9) a. a. O., I, 90.
10) a. a. O., NJW 1949, S. 644—647.
11) a. a. O., S. 49 f.
12) 51.
13) 52.
14) a. a. O., 5. Beiheft der DRZ, S. 5

druck, daß diese oder jene Rechtsordnung in casu die bestpassende sei, in der ein Fall seinen Sitz und seine Wurzel habe.

e) Auf etwas breiterer Grundlage hat dann Beitzke die Frage nach den tragfähigen Grundsätzen des IPR aufgegriffen. Nach Ablehnung des Völkerrechts und der comitas-Lehre als solcher Grundlagen[1]) nennt er als materiellen Wirkungsgrund ausländischen Rechts im Inland, daß ausländisches Recht einem Falle näherstehen könne als inländisches, daß seine Anwendung mithin sachgemäßer, gerechter und zweckmäßiger sei[2]). Beitzke deutet an, daß diese Gerechtigkeit abstrakter und mittelbarer ist als im materiellen Recht[3]). Er läßt auch andere Grundsätze gelten, z. B. die Idee einer zwischenstaatlichen Kompetenzbegrenzung, der Durchsetzbarkeit, des Schutzes der Parteiinteressen und — als Hilfssatz — der Praktikabilität[4]). Alle diese Sätze sind nach ihm aber bezweifelbar. Beitzke erkennt im Grunde nur einen einzigen tragfähigen Grundsatz an[5]): die Anwendung der nächstliegenden Rechtsordnung, in der sich der „Schwerpunkt, der Sitz, die Natur der Sache" auswirkt. Eine gedeihliche Fortentwicklung des IPR erhofft Beitzke schließlich[6]) von einer Annäherung der materiellen Rechtsordnungen; denn in der Verbindung von IPR und zugehörigem materiellen Recht sei, sagt Beitzke, die tiefere Ursache für die Fülle der heute zu verzeichnenden Systemverschiedenheiten zu finden[7]). Diese Analyse von Beitzke umschreibt den Kern des IPR in einem Bild.

f) Es ist das Verdienst von Kegel, dieses Bild aufgelöst und die selbständige Betrachtungsweise zum Gehalt des IPR in neue Formen gegossen zu haben. Er löst zunächst[8]) die von Lewald beachtete Unterscheidung einer juristisch-technischen und einer rechtspolitischen Betrachtungsweise durch die Wendung „begriffs- und interessenjuristische" Betrachtungsweise ab. Die von Wengler, Zweigert und Beitzke vorgetragenen Grundsätze sind nach Kegel Interessen, die man nicht vorzeitig in Rangleitern erfassen soll[9]). Wie Kegel im einzelnen die Grundsätze von Wengler vereinfacht und einschränkt[10]) — es bleiben nur ordre public, materiell-rechtliche Harmonie und Konfliktsminimum —, interessiert an dieser Stelle nicht. Kegel hält jedoch die übrig gebliebenen Grundsätze

1) a. a. O., Smend-FSchr., S. 15.
2) 16.
3) 16.
4) 17 f.
5) 19; ähnliche Formulierung (allerdings nur obiter) bei Braga a. a. O., Staatsangehörigkeitsprinzip, S. 45 f. und vorher schon a. a. O., MDR 1952, 267 f.
6) 20—22.
7) Dazu bemerkt Wengler in dem unter a) erwähnten Aufsatz in einem Nachtrag Rev. crit. a. a. O. 1952, S. 607, Anm. 4, daß diese Auffassung „poussée à ses conséquences extrèmes" zu einem System einseitiger Kollisionsnormen führen müsse, begründet diese Meinung aber im einzelnen nicht näher.
8) a. a. O., Lewald-FSchr., S. 259.
9) 268.
10) 268 f.

— insbesondere den ordre public — nicht für geeignet, das IPR zu tragen. Er selbst geht dann dem Phänomen einer kollisionsrechtlichen Gerechtigkeit näher nach[1]). Iprechtlich gerecht sei es, „örtlich besseres Recht" vor „sachlich besserem Recht" (das sei das eigene, weil jeder Gesetzgeber sein eigenes Recht für das beste halte) anzuwenden, z. B. sei es iprechtlich ungerecht, auf einen New Yorker Grundstückskauf deutsches Recht anzuwenden. Gewiß sei die Gerechtigkeit unteilbar, aber sie könne sich in verschiedenen Graden auswirken. Jedenfalls dürfe man nicht eine iprechtliche Entscheidung für iprechtlich gerecht halten, die in Wahrheit im Gerechtigkeitsstandpunkt der lex fori oder in einer verselbständigten materiell-privatrechtlichen Auffassung wurzele[2]). IPR behandele alle Privatrechte als gleichwertig und kümmere sich nicht um deren Gerechtigkeitsauffassungen[3]). Die iprechtliche Gerechtigkeitsentscheidung aber beruhe wie jede gerechte Entscheidung auf der Bewertung aller im Spiele befindlichen Interessen, die im IPR andere als im materiellen Recht seien. „Trotz der Warnung Rabels" arbeitet Kegel einige dieser Interessen heraus[4]): Parteiinteressen, Verkehrsinteressen, Ordnungsinteressen. Innerhalb der Ordnungsinteressen[5]) unterscheidet er zwischen dem „inneren Entscheidungseinklang" (Verhinderung von Normenmangel, -häufung und -widerspruch als Folge der Anwendung von Ausschnitten verschiedener materiellen Privatrechte auf denselben Sachverhalt) und den „äußeren Entscheidungseinklang" (Konfliktsminimum); das Interesse an dem letzteren beherrsche insbesondere die Wahl international gebräuchlicher Anknüpfungen, die Wahl eines Rechts, das sich durchsetzen werde, den Renvoi, sofern er zugelassen werde, wohl auch wohlerworbene Rechte, werde aber von Wengler und Zweigert übertrieben, da es zwar die Vereinheitlichung des IPR trage, im Rahmen eines staatlichen IPR aber wesensgemäß nur sehr beschränkt durchführbar sei. Kegel kennzeichnet schließlich als Ausnahme der iprechtlichen Gerechtigkeit den ordre public, der aus Gründen der materiellrechtlichen Gerechtigkeit oder aber bestimmter Machtinteressen des Staates wirken könne[6]). Zwei Aufgaben iprechtlicher Forschung sieht Kegel am Schluß seiner Betrachtungen: Die Begriffsjurisprudenz (und nur diese) müsse um begriffliche und systematische Klärungen bemüht bleiben, die Interessenforschung aber (und nur diese) müsse die Einzellösungen beherrschen[7]). Kegel hat damit den — zunächst vereinfachten — Grundsatzkatalog von Wengler teilweise wieder vergrößert und die Grundsatzprobleme in die Auseinandersetzung zwischen Begriffs- und Interessenjurisprudenz gestellt.

---

1) 270—273.
2) 270.
3) 271.
4) 274—277.
5) 276 f.
6) 272—279.
7) 280, 286.

In Einzelheiten mag man sich selbstverständlich zu diesem oder jenem Punkte kritisch äußern können. Z. B. ist m. E. zweifelhaft, ob die Formulierung „örtlich besseres Recht vor sachlich besserem Recht" sehr glücklich ist; es scheint danach, wie wenn jedes Gesetz gleichsam den Gerechtigkeitsstempel an der Stirn trüge und sich damit anböte, in Wirklichkeit aber ist es zwar nicht die lex fori, aber doch das forum, das diese Gerechtigkeitswahl im Hinblick auf die spezifischen iprechtlichen Interessen trifft; die Bezeichnung „örtlich" übersieht wohl auch etwas die personalen und sachlichen Beziehungspunkte im IPR. Natürlich ist es außerordentlich schwer, eine nützliche, unmißverständliche und knappe Formel aufzustellen. Vielleicht beließe man es besser bei einer Formel „ausländisches Recht kann unter spezifisch iprechtlichen Gerechtigkeitsgesichtspunkten gerechter sein als inländisches". M. E. würde es ferner auch das Interesse am Entscheidungseinklang verdienen, an die Spitze aller Interessen gestellt zu werden. Auf diese Kritik kommt es hier aber nicht an.

g) Der Überblick über diese Reihe neuerer Arbeiten und insbesondere den Aufsatz von Kegel hat gezeigt, daß die iprechtliche Wissenschaft aufgerufen ist, materiellrechtliche und iprechtliche Überlegungen stärker als bisher zu trennen und die Besonderheiten der iprechtlichen Zwecke und Gestaltungsmöglichkeiten angemessen zu behandeln. Die neueren Aufsätze zum IPR fordern alle zur rechtspolitischen (= interessenjuristischen) Stellungnahme auf, weil Interessen zu erfassen und zu bewerten sind. Es bedarf keiner Worte, daß diese Arbeit einen für das gesamte IPR einheitlichen Charakter trägt. Diese Aktivität des IPR und die Einheitlichkeit seiner Aufgabengebiete werfen die Frage auf, welches System (ein- oder allseitige Kollisionsnormen) ihnen besser gerecht werden kann.

IV. Die Entscheidung zugunsten allseitiger Kollisionsnormen als Grundlage des IPR

Greift man die Frage Begriffs- und Interessenjurisprudenz für die ein- und allseitigen Kollisionsnormen nicht im Einzelfall, sondern allgemein auf, dann ist die begriffsjuristische Aufgabe der Strukturforschung von den Vertretern der Systeme einseitiger Kollisionsnormen hervorragend gelöst. Insbesondere sind die Studien von Pilenko eine wahre Fundgrube anregender Gedanken. Zur Struktur der Kollisionsnormen hat er ergiebig Stellung genommen. Schon für diese klärende Leistung gebührt insbesondere Pilenko wärmste Anerkennung. Wie aber die Behandlung der Systeme einseitiger Normen wiederholt gezeigt hat, fehlt ihnen die rechtspolitische Entscheidung und Zielstrebigkeit, also die ständige Wertung der vorgenommenen Überlegungen. Bringt man diese Feststellung auf eine knappe Formel, dann ist das System einseitiger Normen als ganzes begriffsjuristisch. Ihm fehlt die interessenjuristische Methode. Da gerade die im vorigen Abschnitt gegebene Übersicht die Vordringlichkeit interessenjuristischer Arbeit für das einheitliche IPR und seine Wissenschaft gezeigt hat, ist ein System einseitiger Kollisionsnormen nicht so wie ein System allseitiger Kollisionsnormen geeignet, als Arbeitssystem für die Bewältigung der neuen Aufgaben zu dienen. Heute kann sich ein System nicht durchsetzen, das zwar mit — allerdings teilweise skurriler — Folgerichtigkeit konstruiert ist, das aber nicht hinreichende Ansätze zeigt, wertwissenschaftlich zu entscheiden. Interessiert liest man dazu z. B. bei Rheinstein[1]), daß „auch in den USA" die Zeit vorbei sei, wo man habe versuchen können, das Gefüge des Kollisionsrechts aus einem oder wenigen Grundsätzen abzuleiten, daß sich vielmehr „die Methode der rechtspolitischen Interessenforschung" durchgesetzt habe.

Gewiß ist auch ein System einseitiger Kollisionsnormen nicht ex natura als Arbeitsfeld für die Interessenforschung ungeeignet. Aber gerade in der Einseitigkeit der Kollisionsnorm und dem Umstand, daß auch ein ausgeprägtes droit spatial nicht das ganze Feld des IPR beherrschen kann, liegen die entscheidenden — gleichsam interessenjuristischen — Nachteile. Denn in der Allseitigkeit einer Kollisionsnorm wird für jeden Gesetzgeber und für den Wissenschaftler des methodische Mittel vorgelegt, dessen er sich bedient, um die im vorigen Abschnitt erwähnten Interessen abzuwägen, zu bewerten und danach zu entscheiden. So können z. B. die von den Vertretern der einseitigen Kollisionsnormen so gebrandmarkten Probleme der Qualifikation und des Renvoi zur Verwirklichung der iprechtlichen Gerechtigkeit dienen. Ihnen vergleichbare methodische Mittel vermag ein System einseitiger Kollisionsnormen, will es systemgerecht bleiben, nicht vorzuweisen. Daß schließlich ein System einseitiger Normen nur einen Teil iprechtlicher Fragen lösen kann, legt nicht nur den Gedanken an die Fragwürdigkeit eines solchen Systems nahe, sondern stört auch die Einheitlichkeit der im IPR zu lösenden Schwierigkeiten, hemmt insbesondere die einheitliche interessenjuristische Arbeit, weil ständig auf zwei Gebieten — droit spatial und Kollisionsrecht — gearbeitet werden muß, ohne daß diese Trennung zwingend geboten wäre.

Pilenko ist zuzugeben, daß eine Weiterentwicklung des droit spatial zur Überwindung mancher Schwierigkeit führen kann. Aber einmal ist eine solche Entwicklung im Rahmen eines Staates auf dessen einseitige Kollisionsnormen oder im Rahmen verschiedener Staaten (völkerrechtlicher Vertrag) auf deren einseitige Kollisionsnormen beschränkt. Schließen sich also nicht viele Staaten einer vorgeschlagenen Regelung an, so kann es geschehen, daß gerade fortschrittliche und international denkende Staaten für ihr Opfer übel belohnt werden, weil andere Staaten kein entsprechendes Entgegenkommen zeigen. Zum anderen würde ein System einseitiger Normen nie alle Fälle des IPR lösen können (Konflikte) oder, wenn es dies vermöchte, überflüssig werden. Im Rahmen allseitiger Kollisionsnormen läßt sich aber eine im Kern gleichmäßige Behandlung aller Rechtsordnungen garantieren (jedenfalls für jeden staatlichen Bereich). Man mag diesen

---

[1]) a. a. O., Rabel-FSchr., S. 587.

Vorzug dahin kennzeichnen, daß allgemeine Kollisionsnormen „internationaler" als einseitige seien[1]), obwohl solche Schlagworte durchweg nicht viel besagen. So sollte man auch z. B. aufhören, die Vertreter der einseitigen Normen als Positivisten zu bezeichnen[2]). Wohl läßt sich sagen, daß ein System allseitiger Normen eher als ein System einseitiger Normen den Staaten zur Annäherung und Vereinheitlichung ihrer Systeme Anlaß geben könnte, weil seine täglichen Auswirkungen deutlicher in die zentralen Schwierigkeiten des IPR hineinleuchten[3]). Daß aber im IPR und in einem System allseitiger Kollisionsnormen eine Fülle von Schwierigkeiten vorhanden sind, ist eine Binsenwahrheit. Man wird vielleicht sogar sagen dürfen, daß es gerade die Tragik des IPR sei, daß dieses internationalprivatrechtlich nie so lücken- und nahtlos zu lösen sei, daß nicht irgendein Rest zu tragen peinlich bleibe. Aus diesem Grunde wurde der vorliegenden Arbeit das Wort Pillets „Le droit international privé est une science de sacrifice" vorangestellt.

V. Ergebnis

Die Frage ein- oder allseitige Kollisionsnormen als Grundlage des IPR führt über eine einfache legislativ-redaktionelle Problematik tief in das Gefüge des IPR und wird dort für die Dogmatik und die Methodologie zum Streitapfel. Diese Arbeit ist nicht ausgezogen, ein System allseitiger Normen zutiefst zu rechtfertigen. Sie diente der Auseinandersetzung mit dem System einseitiger Normen. Dessen Angriffe, nicht so sehr den Angegriffenen galt es zu würdigen. Da es aber stets schwerer ist, eine über ein Jahrhundert gebildete Erfahrungswelt zu erobern als zu verteidigen, war die Aufgabe der Vertreter einseitiger Normen verhältnismäßig schwer, die des Verfassers der vorliegenden Arbeit verhältnismäßig leicht.

Die Systeme einseitiger Normen, von bestechender Linienführung und lobenswerter Einfachheit, aber in sich brüchig und erschüttert, haben den Beweis nicht zu führen vermocht, daß sie wert seien, eine festgefügte Welt abzulösen. Es hätte dazu äußerst überzeugender Vorzüge bedurft, die sich indes nicht oder nicht hinreichend erweisen ließen. Damit sind diese Lehren aber nicht als nur „fruchtbare Irrtümer" zu bewerten. Ebensowenig kann von einem billigen Triumph der h. L. die Rede sein. Schon die Existenz kritischer Lehren sollte jedem Kritisierten Anlaß zum Nachdenken sein. Die Lehren von der einseitigen Kollisionsnorm als Grundlage des IPR

---

[1]) Bes. Vallindas a. a. O. Rev. hell. 1948, S. 331 u. 335; vgl. auch Wolff a. a. O., IPR, S. 35.

[2]) Bes. Niederer, Allg. Lehren a. a. O., S. 123 f., 125, Anm. 10; ferner Zweigert a. a. O., Raape-FSchr., S. 37, gegen diesen mit Recht Lewald a. a. O., NJW 1949, S. 644.

[3]) Z. B. Vallindas, a. a. O. Rev. hell. 1948, S. 335; Niemeyer a. a. O., IPR, S. 19, der sogar von einem Grundsatz des „wirksamen Druckes" spricht, was m. E. zu weit geht.

— insbesondere die gedanklich stärkste und reifste unter ihnen von Pilenko — geben der h. L. reichlich Gelegenheit, eigene schwache Stellen deutlich ins Auge zu fassen, ihnen zu begegnen und sich erst dann über den Sieg zu freuen. Für diesen Appell aber sollte die herrschende Lehre Niedner, Schnell, Niboyet, Sohn, Vivier und besonders Pilenko dankbar verbunden sein.